全国中等职业学校电工类专业通用
全国技工院校电工类专业通用（中级技能层级）

常用机床电气设备维修（第二版）习题册

朱彦齐　主编

中国劳动社会保障出版社

简 介

本习题册是全国中等职业学校电工类专业通用教材 / 全国技工院校电工类专业通用教材（中级技能层级）《常用机床电气设备维修（第二版）》的配套用书。习题册按照教材章节编排，内容紧扣教材的教学要求，注重基础知识的巩固和基本能力的培养，知识点分布均衡，题型丰富，难易适当，有助于学生复习巩固所学知识。

本习题册由朱彦齐任主编，费光彦、刘日晨、季海峰、边可可、魏志强、白军帅和王枫清参与编写。

图书在版编目（CIP）数据

常用机床电气设备维修（第二版）习题册 / 朱彦齐主编．-- 北京：中国劳动社会保障出版社，2022

全国中等职业学校电工类专业通用　全国技工院校电工类专业通用．中级技能层级

ISBN 978-7-5167-5447-4

Ⅰ．①常…　Ⅱ．①朱…　Ⅲ．①机床 - 电气设备 - 维修 - 中等专业学校 - 习题集　Ⅳ．①TG502.34-44

中国版本图书馆 CIP 数据核字（2022）第 208296 号

中国劳动社会保障出版社出版发行

（北京市惠新东街 1 号　邮政编码：100029）

*

北京昌联印刷有限公司印刷装订　　新华书店经销

787 毫米 ×1092 毫米　16 开本　4 印张　83 千字

2022 年 12 月第 1 版　　2026 年 4 月第 4 次印刷

定价：9.00 元

营销中心电话：400-606-6496

出版社网址：http://www.class.com.cn

http://jg.class.com.cn

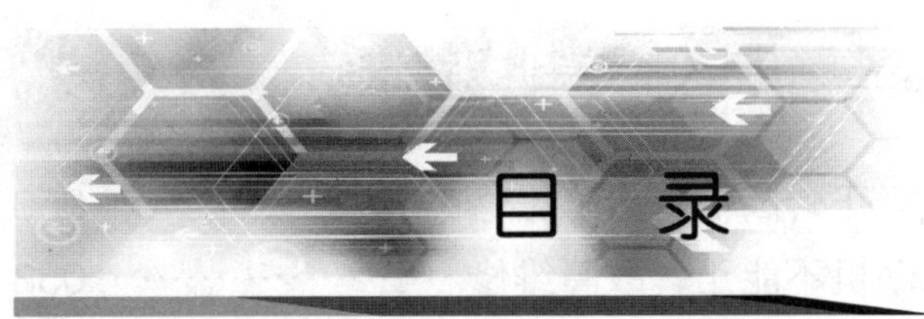

目　录

课题五　T68 型卧式镗床电气控制线路维修

课题一　CA6140 型卧式车床电气控制线路维修

任务 1　CA6140 型卧式车床主轴电动机不能启动故障维修

一、填空题

1．车床是一种应用极为广泛的金属切削机床，能完成车削________、________、________、________以及钻孔、________、倒角、________、________等加工工序。

2．CA6140 型卧式车床是机械加工中应用较广的一种，主要由________、________、________、________、________、________、________、________和光杠等部分组成。

3．CA6140 型卧式车床主轴电动机控制线路（图 1–1–1）中，M1 为主轴电动机，由接触器 KM 控制，并作________、________保护，热继电器 KH1 作________保护，熔断器 FU 和低压断路器 QF 作________保护。

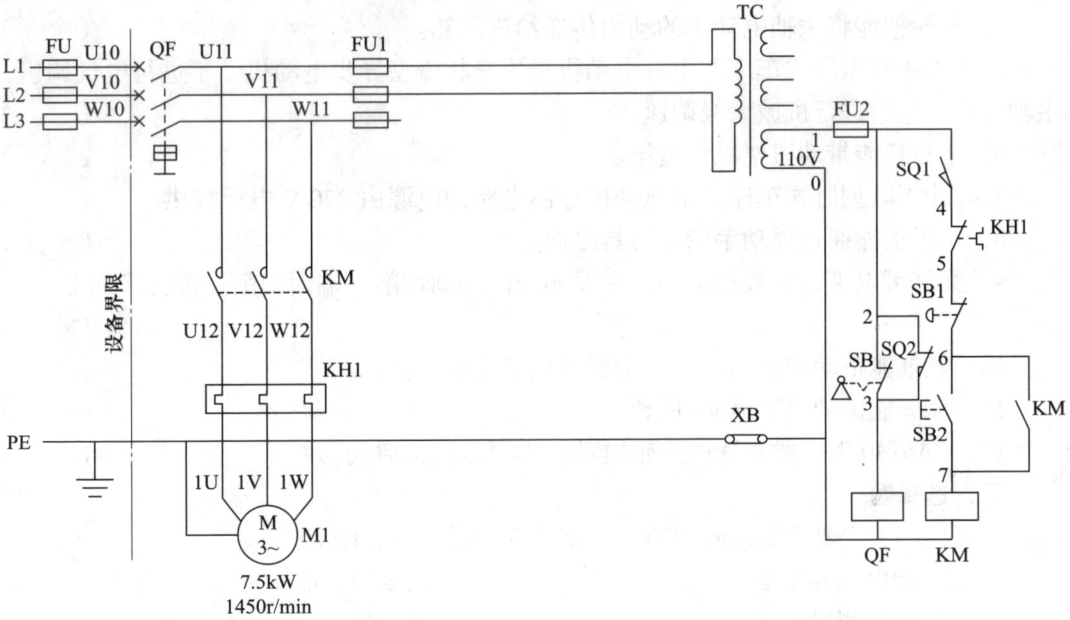

图 1–1–1　CA6140 型卧式车床主轴电动机控制线路①

4．当生产机械发生电气故障后，切忌盲目动手检修，应先通过______、______、______、______、______等方法了解故障发生前后的操作情况及故障发生后出现的异常情况。

①本书中某些原理图为部分机床电气控制线路，元器件编号不连续。

5．查找电气设备故障点的测量法主要有________________、________________和________________。

6．查找电气设备故障点的测量法中，万用表测量法可分为____________和____________两种。

7．____________多用于检测主电路各点是否有电和熔断器是否熔断。

8．电阻测量法查找故障点时，正常情况下，熔断器两端的电阻值近似为________，但若测得其两端的电阻值近似“________”，则说明熔断器两端处于________状态。

9．电气设备故障检修时，在刚切断电源后，应尽快触摸检查________、________、________和________等是否有过热现象。

10．电气设备故障检修时，可以通过“闻”来了解设备故障情况，即在确保安全的前提下，闻一闻________、________和________等的线圈绝缘以及导线的橡胶塑料层是否有烧焦的气味。

11．检修设备时，为防止操作人员不明情况而启动或操作设备，应在设备上悬挂标识牌，检修中的设备要挂“____________”，待修设备要挂“__________”。

二、判断题

1．主轴箱由多个直径不同的齿轮组成，能实现主轴的变速。（　）

2．进给箱能实现刀具的纵向和横向进给，并可改变进给速度。（　）

3．溜板箱能实现床鞍和中滑板手动或自动进给，并可控制进给量。（　）

4．挂轮架能将主轴电动机的动力传递给进给箱。（　）

5．CA6140 型卧式车床的主轴电动机选用三相笼型异步电动机，不进行电气调速，主轴采用齿轮箱进行机械无级调速。（　）

6．中滑板能带动刀架纵向进给。（　）

7．CA6140 型卧式车床主轴电动机控制电路的电源由 220 V 电压提供。（　）

8．小滑板能通过摇动手轮使刀具纵向进给。（　）

9．光杠可以带动溜板箱运动，主要实现内外圆切削、端面切削、镗孔等加工。（　）

10．丝杠能带动溜板箱运动，主要实现螺纹加工。（　）

11．床鞍能带动刀架纵向进给。（　）

12．CA6140 型卧式车床的主轴电动机不可以直接启动。（　）

三、选择题

1．（　）主要用于检测故障线路某条支路是否存在断点。

A．验电笔测量法　　B．电压测量法

C．电阻测量法　　D．校验灯法

2．根据 CA6140 型卧式车床主轴电动机控制线路（图 1–1–1），下列（　）不属于 CA6140 型卧式车床主轴电动机 M1 不能启动的故障原因。

A．FU 熔断　　B．FU1 熔断

C．KM 线圈断路或接线脱落　　D．SB1 击穿

3．根据 CA6140 型卧式车床主轴电动机控制线路（图 1–1–1），下列（　　）不属于 CA6140 型卧式车床主轴电动机 M1 不能自锁的故障原因。

A．KM 辅助常开触点氧化

B．KH1 接触不良或接线脱落

C．KM 辅助常开触点磨损严重

D．KM 辅助常开触点 6#、7# 接线脱落

4．根据 CA6140 型卧式车床主轴电动机控制线路（图 1–1–1），下列（　　）不属于 CA6140 型卧式车床主轴电动机 M1 不能停车的故障原因。

A．SB2 接触不良或接线脱落

B．KM 主触点熔焊

C．KM 铁心表面粘牢污垢

D．5#、6# 两点间接线短路

四、简答题

1．根据 CA6140 型卧式车床主轴电动机控制线路（图 1–1–1），绘制主轴电动机不能启动故障的检修流程。

2．根据 CA6140 型卧式车床主轴电动机控制线路（图 1–1–1），人为设置自然故障点，分析故障现象，确定故障范围，排除故障，并记录检修过程中遇到的问题。

任务2　CA6140型卧式车床刀架不能快速移动故障维修

一、填空题

1. 根据CA6140型卧式车床刀架快速移动电动机控制线路（图1-2-1），启动刀架快速移动电动机M3时，按下SB3，______吸合，______________运转，______快速移动。

2. 根据CA6140型卧式车床刀架快速移动电动机控制线路（图1-2-1），停止刀架快速移动电动机M3时，松开SB3，______释放，______________停转，______停止移动。

二、判断题

1. CA6140型卧式车床刀架快速移动电动机的启动是由安装在进给操作手柄顶端的按钮控制的。（　　）

2. CA6140型卧式车床刀架快速移动电动机不可直接启动，不需要反转和调速。（　　）

三、选择题

1. 根据CA6140型卧式车床刀架快速移动电动机控制线路（图1-2-1），下列（　　）不属于CA6140型卧式车床刀架不能快速移动的故障原因。

A. KM线圈断路或接线脱落　　B. FU1熔断

C. SQ1接触不良　　D. KA2线圈断路或接线脱落

2. CA6140型卧式车床刀架不能快速移动时，维修不会用到的电器元件是（　　）。

A. 热继电器　　B. 时间继电器

C. 低压断路器　　D. 控制变压器

四、简答题

1. 根据CA6140型卧式车床刀架快速移动电动机控制线路（图1-2-1），简述CA6140型卧式车床刀架不能快速移动故障的检修范围。

2. 根据CA6140型卧式车床刀架快速移动电动机控制线路（图1-2-1），分析CA6140型卧式车床刀架不能快速移动故障的检修思路及排除方法。

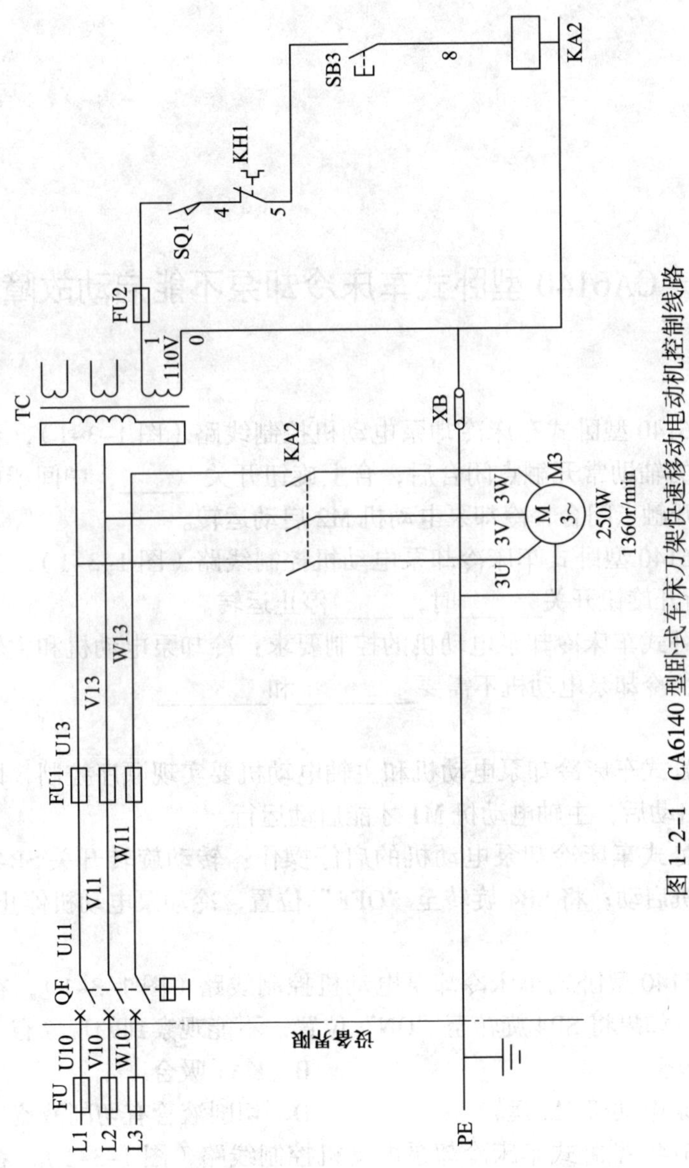

图 1-2-1 CA6140 型卧式车床刀架快速移动电动机控制线路

3．根据 CA6140 型卧式车床刀架快速移动电动机控制线路（图 1–2–1），人为设置自然故障点，分析故障现象，确定故障范围，排除故障，并记录检修过程中遇到的问题。

任务 3　CA6140 型卧式车床冷却泵不能启动故障维修

一、填空题

1．根据 CA6140 型卧式车床冷却泵电动机控制线路（图 1–3–1），当主轴电动机 M1 启动，______的辅助常开触点闭合后，合上旋钮开关______，中间继电器______吸合，______的常开触点闭合，冷却泵电动机 M2 启动运转。

2．根据 CA6140 型卧式车床冷却泵电动机控制线路（图 1–3–1），当主轴电动机 M1 停止运转或断开旋钮开关______时，______停止运转。

3．CA6140 卧式车床冷却泵电动机的控制要求：冷却泵电动机和主轴电动机要实现________控制，冷却泵电动机不需要________和________。

二、判断题

1．CA6140 卧式车床冷却泵电动机和主轴电动机要实现顺序控制，即保证只有冷却泵电动机 M2 启动后，主轴电动机 M1 才能启动运行。（　　）

2．CA6140 卧式车床冷却泵电动机的启停操作：转动旋转开关 SB4 至“ON”位置，冷却泵电动机启动；将 SB4 旋转至“OFF”位置，冷却泵电动机停止。（　　）

三、选择题

1．根据 CA6140 型卧式车床冷却泵电动机控制线路（图 1–3–1），在冷却泵电动机的启停操作中，如果将 SB4 旋转至“ON”位置，不能观察到的现象有（　　）。

A．KM 吸合　　B．KA1 吸合

C．冷却泵电动机 M2 运转　　D．切削液管有切削液流出

2．根据 CA6140 型卧式车床冷却泵电动机控制线路（图 1–3–1），在冷却泵电动机的启停操作中，如果将 SB4 旋转至“OFF”位置，不能观察到的现象有（　　）。

A．KA1 释放

B．冷却泵电动机 M2 停转

C．刀架快速移动电动机 M3 停转

D．切削液管的切削液停止流出

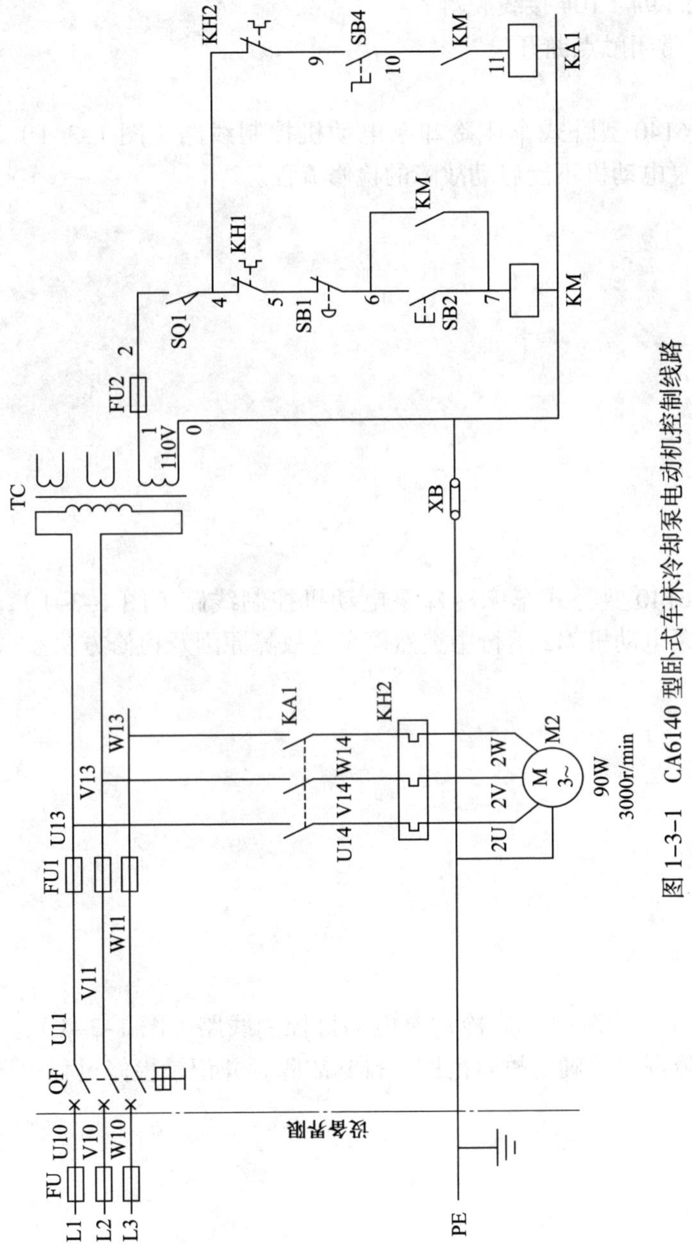

图 1-3-1 CA6140 型卧式车床冷却泵电动机控制线路

3. 根据 CA6140 型卧式车床冷却泵电动机控制线路（图 1–3–1），下列（　　）不属于冷却泵电动机 M2 不能正常运转的原因。

A. SB4 接触不良

B. SQ1 的 2#、4# 接线脱落

C. SB4 的 9#、10# 接线脱落

D. KH2 常闭触点断开

四、简答题

1. 根据 CA6140 型卧式车床冷却泵电动机控制线路（图 1–3–1），简述 CA6140 型卧式车床冷却泵电动机不能启动故障的检修流程。

2. 根据 CA6140 型卧式车床冷却泵电动机控制线路（图 1–3–1），分析 CA6140 型卧式车床冷却泵电动机 M2 运行中突然停车的故障原因及检修方法。

3. 根据 CA6140 型卧式车床冷却泵电动机控制线路（图 1–3–1），人为设置自然故障点，分析故障现象，确定故障范围，排除故障，并记录检修过程中遇到的问题。

任务 4 CA6140 型卧式车床电气控制线路综合故障维修

一、填空题

1．CA6140 型卧式车床主轴电动机选用____________________，主轴采用齿轮箱进行机械有级调速。

2．CA6140 型卧式车床的主轴电动机容量不大，一般可采用________。

3．CA6140 型卧式车床中冷却泵电动机和主轴电动机要实现顺序控制，________________启动后，____________才能启动。

4．根据 CA6140 型卧式车床电气控制线路（图 1-4-1），CA6140 型卧式车床的主轴电动机由______控制，并作失、欠压保护，________作过载保护，_______作短路保护。

5．根据 CA6140 型卧式车床电气控制线路（图 1-4-1），CA6140 型卧式车床控制电路的电源由 TC 二次侧输出______V 电压提供，信号电路的电源由 TC 二次侧输出______V 电压提供，照明电路的电源由 TC 二次侧输出______V 电压提供。

6．根据 CA6140 型卧式车床电气控制线路（图 1-4-1），操作 CA6140 型卧式车床刀架快速移动电动机 M3 时，由 SB3 完成点动控制，刀架在_____、_____、_____、_____方向上的移动由进给操作手柄配合机械装置实现。

二、判断题

1．CA6140 型卧式车床的主运动要求在车削螺纹时主轴能正反转，一般通过机械方法实现，主轴电动机只做单向旋转。（ ）

2．CA6140 型卧式车床的主运动形式是主轴通过卡盘带动工件的横向运动。（ ）

3．CA6140 型卧式车床的进给运动是由主轴电动机拖动，其动力通过挂轮架传递给进给箱，从而实现刀具的纵向和横向进给。（ ）

4．根据 CA6140 型卧式车床电气控制线路（图 1-4-1），CA6140 型卧式车床的冷却泵电动机在加工工件时输送切削液，由 KA2 控制，KH2 作过载保护。（ ）

5．根据 CA6140 型卧式车床电气控制线路（图 1-4-1），照明灯 EL 由开关 SA 控制，FU4 作短路保护。（ ）

三、选择题

1．根据 CA6140 型卧式车床电气控制线路（图 1-4-1），下列（ ）不属于 CA6140 型卧式车床主轴电动机 M1 不能启动的故障原因。

A．SQ1 接触不良或接线脱落

B．KH1 接触不良或接线脱落

C．KA2 线圈断路或接线脱落

D．SB2 接触不良或接线脱落

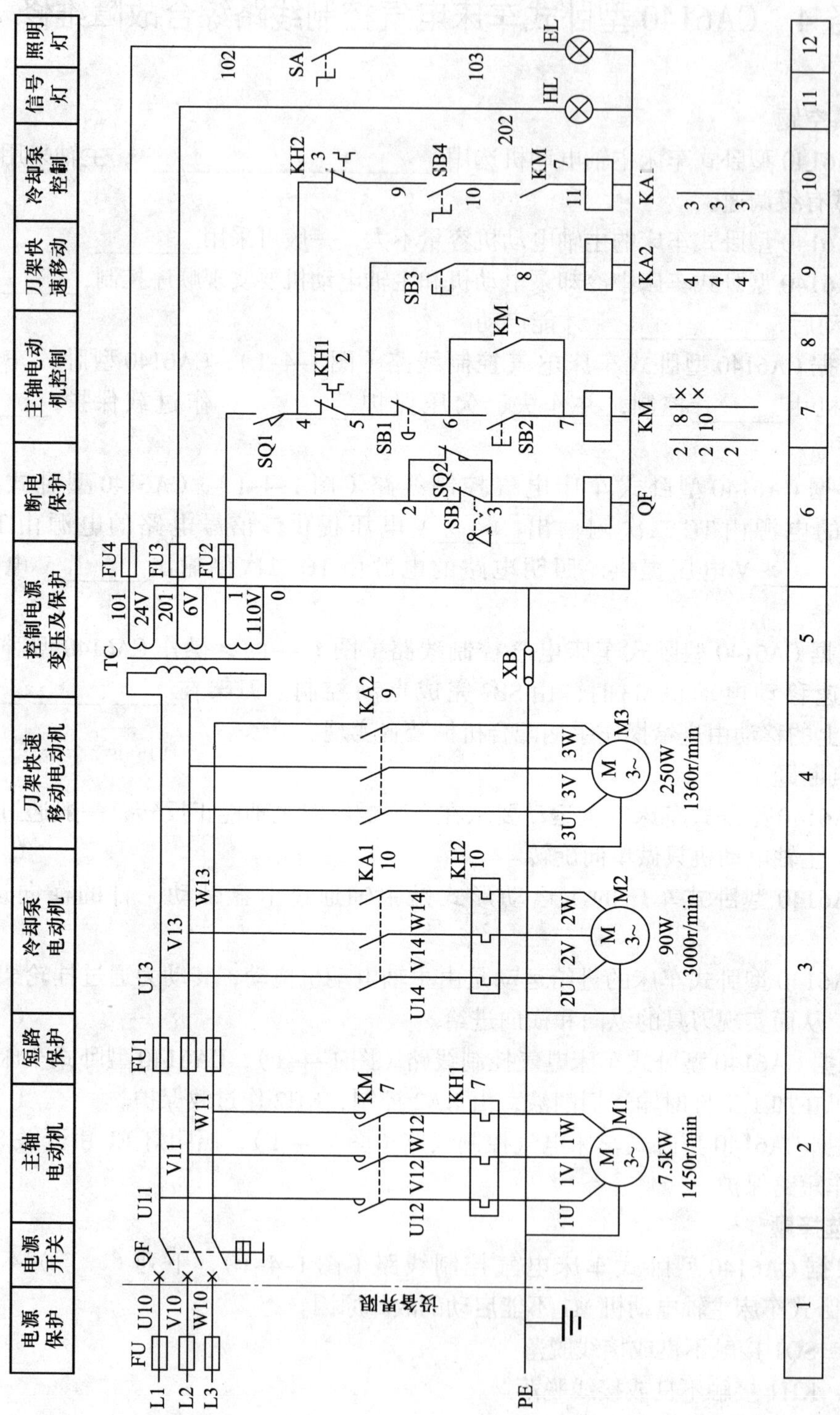

图 1-4-1　CA6140 型卧式车床电气控制线路

2. 根据 CA6140 型卧式车床电气控制线路（图 1–4–1），CA6140 型卧式车床主轴电动机 M1 运行中突然停车的故障原因可能是（　　）。

A. 5#、6# 两点间接线短路

B. SB4 的 9#、10# 接线脱落

C. KM 主触点熔焊

D. KH1 常闭触点断开

3. 根据 CA6140 型卧式车床电气控制线路（图 1–4–1），下列（　　）不属于 CA6140 型卧式车床刀架快速移动电动机 M3 不能启动的故障原因。

A. FU2 熔断

B. SQ1 的 2#、4# 接线脱落

C. KM 主触点熔焊

D. KA2 线圈断路或接线脱落

4. 根据 CA6140 型卧式车床电气控制线路（图 1–4–1），下列（　　）不属于 CA6140 型卧式车床信号灯 HL 不亮的故障原因。

A. FU3 熔断

B. FU4 熔断

C. FU1 熔断

D. 信号灯泡烧坏

5. 根据 CA6140 型卧式车床电气控制线路（图 1–4–1），CA6140 型卧式车床照明灯 EL 不亮的故障原因可能是（　　）。

A. FU4 熔断

B. FU1 熔断

C. FU3 熔断

D. FU2 熔断

四、简答题

1. 根据 CA6140 型卧式车床电气控制线路（图 1–4–1），简述 CA6140 型卧式车床主轴电动机 M1 能启动但不能自锁，或工作中突然停车的故障原因。

2. 根据 CA6140 型卧式车床电气控制线路（图 1–4–1），简述合上总电源开关 QF，信号灯 HL 不亮的故障原因。

3．根据 CA6140 型卧式车床电气控制线路（图 1–4–1），简述合上总电源开关 QF，信号灯 HL 亮，合上照明灯开关 SA，照明灯 EL 不亮的故障原因。

4．根据 CA6140 型卧式车床电气控制线路（图 1–4–1），人为设置自然故障点，分析故障现象，确定故障范围，排除故障，并记录检修过程中遇到的问题。

课题二　M7130 型平面磨床电气控制线路维修

任务 1　M7130 型平面磨床砂轮电动机不能启动故障维修

一、填空题

1．M7130 型平面磨床是卧轴矩形工作台式，主要由______、______、________、______、______和______等部分组成。

2．根据 M7130 型平面磨床砂轮电动机控制线路（图 2–1–1），砂轮电动机 M1 由接触器______控制，并作______、______保护，热继电器 KH1 作______保护，熔断器 FU1 作______保护。

3．根据 M7130 型平面磨床砂轮电动机控制线路（图 2–1–1），砂轮电动机控制电路采用______V 交流电压供电，由熔断器______作短路保护。

4．根据 M7130 型平面磨床砂轮电动机控制线路（图 2–1–1），按下______控制______得电吸合，砂轮电动机 M1 启动；按下______控制______失电释放，砂轮电动机 M1 停止。

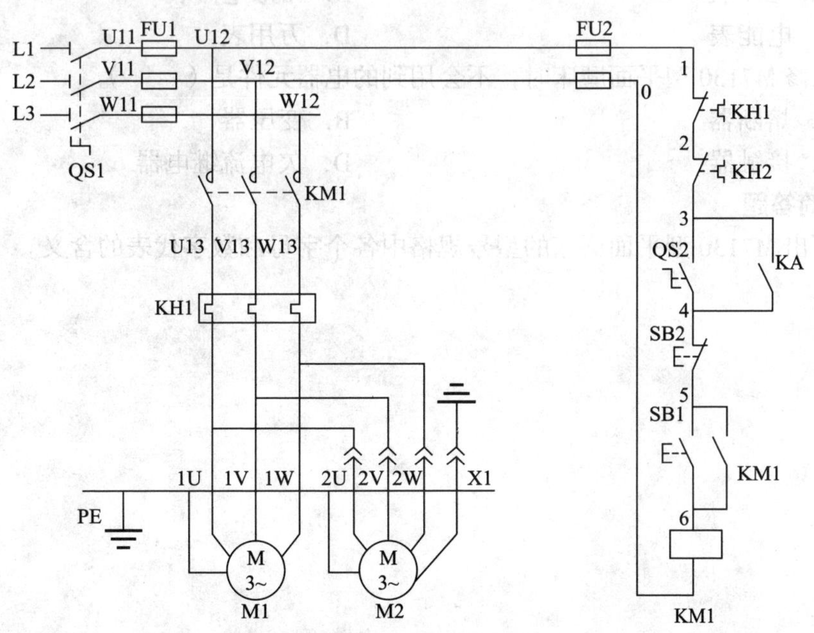

图 2–1–1　M7130 型平面磨床砂轮电动机控制线路

二、判断题

1．M7130 型平面磨床用于磨削各种工件的平面，磨削精度和光洁度较高，适用于磨削精密零件和各种工具，并可做镜面磨削。（ ）

2．M7130 型平面磨床的主运动是砂轮的快速旋转，辅助运动是工作台的横向往复运动以及砂轮架的纵向和水平进给运动。（ ）

3．在 M7130 型平面磨床砂轮电动机控制线路（图 2–1–1）中，砂轮电动机 M1 采用接触器自锁正转控制线路。（ ）

三、选择题

1．下列关于 M7130 型平面磨床砂轮电动机的描述，错误的是（ ）。

A．采用两极笼型异步电动机

B．采用交流同步电动机

C．采用装入式电动机，将砂轮直接装到电动机轴上

D．采用直接启动，无调速和制动要求

2．根据 M7130 型平面磨床砂轮电动机控制线路（图 2–1–1），下列（ ）不属于砂轮电动机 M1 不能启动的故障原因。

A．SB2 短路

B．FU1、FU2 熔断

C．QS1 接触不良或损坏

D．SB1、SB2 接触不良或损坏

3．维修 M7130 型平面磨床时，不会用到的电工仪表是（ ）。

A．兆欧表　　B．钳形电流表

C．电能表　　D．万用表

4．维修 M7130 型平面磨床时，不会用到的电器元件是（ ）。

A．熔断器　　B．变压器

C．接触器　　D．欠电流继电器

四、简答题

1．写出 M7130 型平面磨床的型号规格中各个字母和数字代表的含义。

2．根据 M7130 型平面磨床砂轮电动机控制线路（图 2–1–1），简要分析按下 M7130 型平面磨床启动按钮 SB1 后，接触器 KM1 吸合，砂轮电动机 M1 不能启动的故障原因。

3．根据 M7130 型平面磨床砂轮电动机控制线路（图 2–1–1），人为设置自然故障点，分析故障现象，确定故障范围，排除故障，并记录检修过程中遇到的问题。

任务 2　M7130 型平面磨床工作台不能往复运动故障维修

一、填空题

1．根据 M7130 型平面磨床液压泵电动机控制线路（图 2–2–1），M7130 型平面磨床的液压泵电动机 M3 由接触器______控制，并作失、欠压保护，热继电器 KH2 作______保护，熔断器 FU1 作______保护。

2．M7130 型平面磨床在修正砂轮或调整砂轮的前后位置时，可连续______移动。

3．M7130 型平面磨床砂轮架的横向进给运动既可由______传动，也可由______操作。

4．M7130 型平面磨床的液压泵电动机拖动液压泵驱动工作台在液压作用下做______运动。

5．根据 M7130 型平面磨床液压泵电动机控制线路（图 2–2–1），液压泵电动机 M3 的控制电路采用______V 交流电压供电，由熔断器______作______保护。

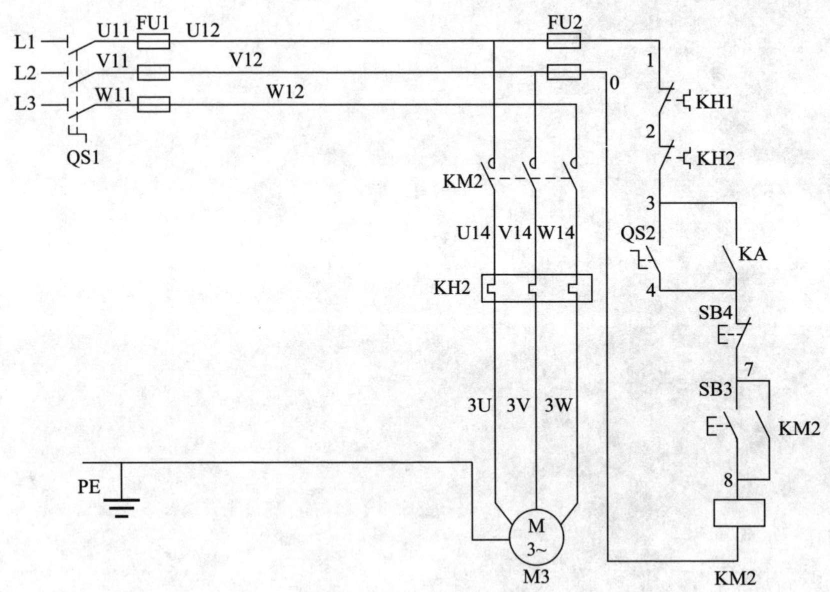

图 2–2–1　M7130 型平面磨床液压泵电动机控制线路

二、判断题

1．M7130 型平面磨床在磨削的过程中，工作台每换向一次，砂轮架就横向进给一次。（　　）

2．在 M7130 型平面磨床液压泵电动机控制线路（图 2–2–1）中，液压泵电动机 M3 采用接触器自锁正转控制线路。（　　）

三、选择题

1．根据 M7130 型平面磨床液压泵电动机控制线路（图 2–2–1），下列（　　）不属于 M7130 型平面磨床的液压泵电动机 M3 不能启动的故障原因。

A. QS1 接触不良或损坏

B. KH1、KH2 常闭触点接触不良或过载脱扣

C. 主电路电源故障

D. SB3、SB4 接触不良或损坏

2. 根据 M7130 型平面磨床液压泵电动机控制线路（图 2–2–1），M7130 型平面磨床采用校验灯法查找故障点时，将 QS2 扳至“吸合”位置，合上电源开关 QS1，按住启动按钮 SB3 不放，将校验灯（380 V）的一脚引线连接 FU2 的（　　）接点不动，另一脚引线依次连接 4#、7#、8# 各点。

A. 0#　　　　B. 1#

C. 2#　　　　D. 3#

3. 根据 M7130 型平面磨床液压泵电动机控制线路（图 2–2–1），M7130 型平面磨床采用电压测量法查找故障点时，将万用表转换开关调至交流电压 500 V 挡，黑表笔接 FU2 的 0# 接点，将 QS2 扳至“吸合”位置，合上电源开关 QS1，按住启动按钮（　　）不放，红表笔依次测量 4#、7#、8# 各点。

A. SB1　　　　B. SB2

C. SB3　　　　D. SB4

四、简答题

1. 根据 M7130 型平面磨床液压泵电动机控制线路（图 2–2–1），M7130 型平面磨床液压泵电动机 M3 不能启动的故障原因包括哪几个方面?

2. 根据 M7130 型平面磨床液压泵电动机控制线路（图 2–2–1），绘制 M7130 型平面磨床工作台不能往复运动故障的检修流程。

3. 根据 M7130 型平面磨床液压泵电动机控制线路（图 2-2-1），人为设置自然故障点，分析故障现象，确定故障范围，排除故障，并记录检修过程中遇到的问题。

任务 3　M7130 型平面磨床电磁吸盘无吸力故障维修

一、填空题

1. M7130 型平面磨床将工件吸附在电磁吸盘上，因此要有________和________控制环节。

2. M7130 型平面磨床电磁吸盘控制线路包括________、________和________三部分。

3. 根据 M7130 型平面磨床电磁吸盘控制线路（图 2-3-1），M7130 型平面磨床的整流变压器 T1 将________V 交流电压降为________V，然后经________后输出________V 直流电压。

4. 根据 M7130 型平面磨床电磁吸盘控制线路（图 2-3-1），电磁吸盘保护电路由放电电阻________和欠电流继电器________组成。

5. 根据 M7130 型平面磨床电磁吸盘控制线路（图 2-3-1），电阻 R1 与电容器 C 的作用是吸收电磁吸盘回路交流侧的________。

二、判断题

1. M7130 型平面磨床电磁吸盘控制线路（图 2-3-1）中，熔断器 FU3 为电磁吸盘提供短路保护。（　　）

2. M7130 型平面磨床电磁吸盘控制线路（图 2-3-1）中，欠电流继电器 KA 用以防止电磁吸盘断电时工件脱出发生事故。（　　）

3. M7130 型平面磨床电磁吸盘控制线路（图 2-3-1）中，电阻 R2 是电磁吸盘的放电电阻。（　　）

三、选择题

1. 根据 M7130 型平面磨床电磁吸盘控制线路（图 2-3-1），下列（　　）不属于 M7130 型平面磨床电磁吸盘无吸力的故障原因。

A. X2 接触不良　　B. R3 和 KA 损坏

C. XS 接触不良　　D. VC 损坏

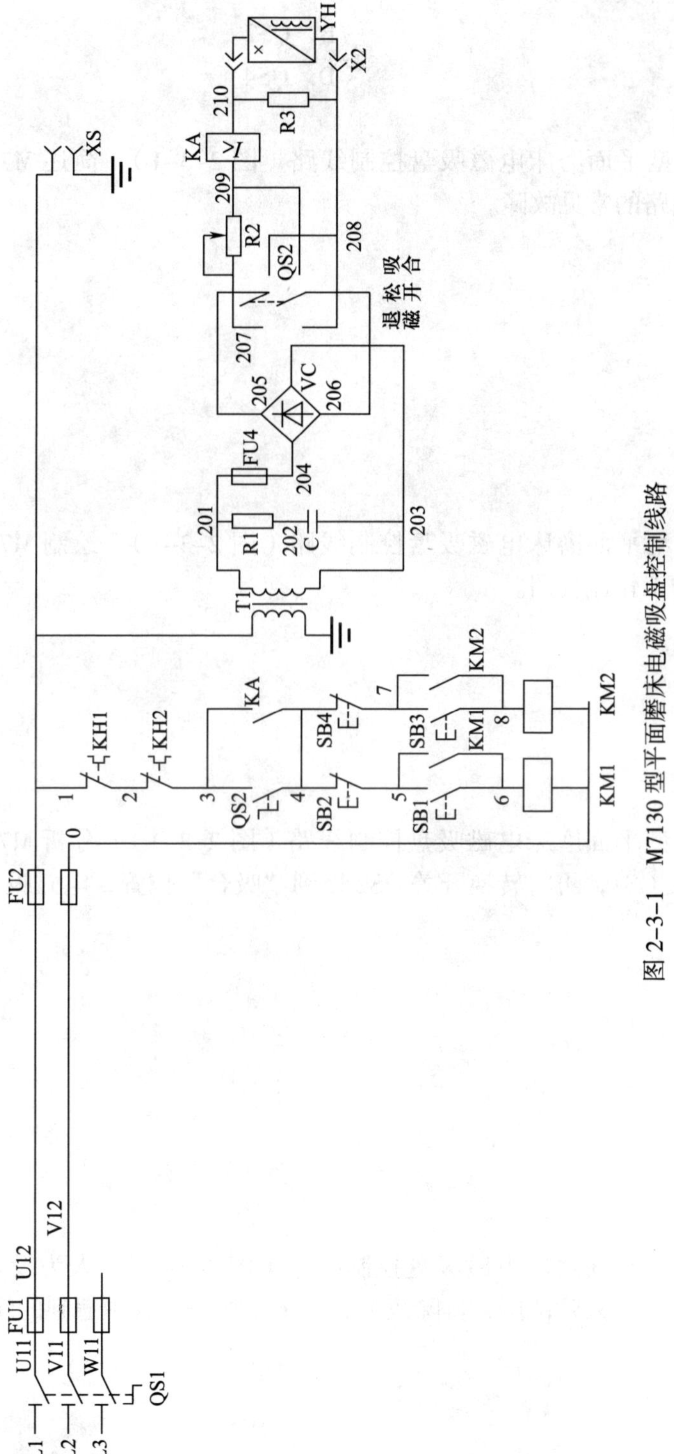

图 2-3-1 M7130 型平面磨床电磁吸盘控制线路

2．M7130 型平面磨床电磁吸盘控制线路（图 2–3–1）中，（　　）是电磁吸盘的转换开关（又称退磁开关）。

A．QS1　　B．QS2

C．QS3　　D．QS4

四、简答题

1．根据 M7130 型平面磨床电磁吸盘控制线路（图 2–3–1），简述 M7130 型平面磨床电磁吸盘控制线路的常见故障。

2．根据 M7130 型平面磨床电磁吸盘控制线路（图 2–3–1），绘制 M7130 型平面磨床电磁吸盘吸合的工作流程图。

3．根据 M7130 型平面磨床电磁吸盘控制线路（图 2–3–1），分析 M7130 型平面磨床先合上电源开关 QS1，再将转换开关 QS2 扳到“吸合”位置，电磁吸盘无吸力故障的检修思路。

4．根据 M7130 型平面磨床电磁吸盘控制线路（图 2–3–1），人为设置自然故障点，分析故障现象，确定故障范围，排除故障，并记录检修过程中遇到的问题。

任务 4 M7130 型平面磨床电气控制线路综合故障维修

一、填空题

1. M7130 型平面磨床的控制线路分为__________、__________、________________和__________四部分。

2. 根据 M7130 型平面磨床电气控制线路（图 2–4–1），M7130 型平面磨床的控制电路采用交流_________V 电压供电，由熔断器__________作短路保护。

3. M7130 型平面磨床的主运动中，砂轮的旋转采用__________异步电动机。

4. M7130 型平面磨床的辅助运动中，工作台在_________、_________和_________三个方向的快速移动由__________机构驱动实现。

5. M7130 型平面磨床的砂轮电动机和冷却泵电动机要实现__________控制。

6. M7130 型平面磨床电气控制线路（图 2–4–1）的主电路中有三台电动机，其中 M1 为______________，M2 为______________，M3 为______________。

7. 电磁吸盘的外壳由__________和_________组成。

二、判断题

1. M7130 型平面磨床的电动机不可以直接启动。（ ）

2. M7130 型平面磨床的液压泵电动机拖动液压泵驱动工作台在液压作用下做横向往复运动。（ ）

3. M7130 型平面磨床电气控制线路（图 2–4–1）中，照明变压器 T2 将 380 V 交流电压降为 24 V 安全电压供给照明电路。（ ）

4. M7130 型平面磨床工作台每完成一次纵向往复运动，砂轮架横向进给一次，磨床从而能连续地加工整个平面。（ ）

5. 由于 M7130 型平面磨床冷却泵电动机的容量较大，需要单独设置过载保护。（ ）

三、选择题

1. 根据 M7130 型平面磨床电气控制线路（图 2–4–1），下列（ ）不属于 M7130 型平面磨床的电磁吸盘退磁不好，使工件取下困难的故障原因。

A. 退磁控制支路断路

B. KM1 线圈损坏

C. 退磁电压过高

D. 退磁时间太长或太短

2. 根据 M7130 型平面磨床电气控制线路（图 2–4–1），下列（ ）不属于 M7130 型平面磨床电磁吸盘吸力不足的故障原因。

A. KH1 常闭触点接触不良或过载脱扣

B. 电磁吸盘线圈短路

C. 整流元件短路

D. 整流元件断路

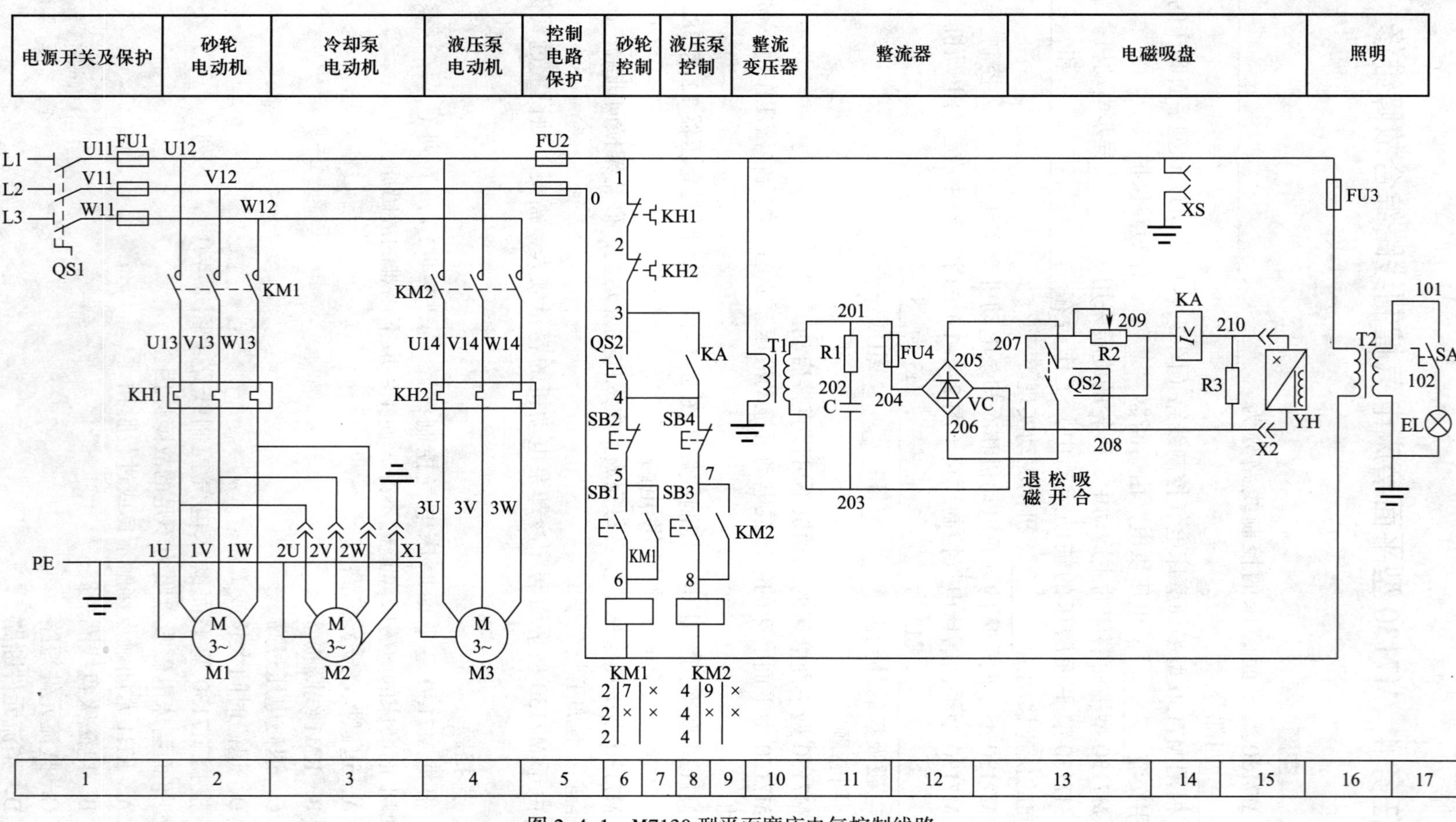

图 2–4–1 M7130 型平面磨床电气控制线路

3．根据 M7130 型平面磨床电气控制线路（图 2–4–1），下列（　　）不属于 M7130 型平面磨床砂轮电动机的热继电器 KH1 经常脱扣的故障原因。

A．轴瓦磨损

B．砂轮进刀量太大，电动机超负荷运行

C．电磁吸盘损坏

D．热继电器规格不合适或没有重新调整整定电流

4．根据 M7130 型平面磨床电气控制线路（图 2–4–1），下列（　　）不属于 M7130 型平面磨床的三台电动机均不能启动的故障原因。

A．KA 的常开触点接触不良、接线脱落或有油垢

B．KH1、KH2 故障

C．QS2 的常开触点（3–4）接触不良、接线脱落或有油垢

D．T1 二次侧电压过低

四、简答题

1．根据 M7130 型平面磨床电气控制线路（图 2–4–1），简述砂轮电动机 M1 和液压泵电动机 M3 均不能启动的故障原因及处理方法。

2．根据 M7130 型平面磨床电气控制线路（图 2–4–1），绘制三台电动机 M1、M2、M3 均不能启动故障的检修流程。

3．根据 M7130 型平面磨床电气控制线路（图 2–4–1），绘制电磁吸盘退磁不好，使工件取下困难故障的检修流程。

4．先将 M7130 型平面磨床转换开关 QS2 扳至“吸合”位置，合上电源开关 QS1，然后按下启动按钮 SB1，接触器 KM1 不吸合，砂轮架电动机 M1 不能启动；按下启动按钮 SB3，接触器 KM2 不吸合，液压泵电动机 M3 也不能启动；再按下照明灯开关 SA，照明灯不亮。根据 M7130 型平面磨床电气控制线路（图 2–4–1），简要分析上述故障现象的故障范围。

5．根据 M7130 型平面磨床电气控制线路（图 2–4–1），人为设置自然故障点，分析故障现象，确定故障范围，排除故障，并记录检修过程中遇到的问题。

课题三　Z37型摇臂钻床电气控制线路维修

任务1　Z37型摇臂钻床主轴电动机不能启动故障维修

一、填空题

1. 钻床通常用于_____、_____、_____及_____等基本加工过程。

2. Z37型摇臂钻床主要由________、________、________、________、________、________等部分组成。

3. Z37型摇臂钻床中，摇臂一端的套筒部分与外立柱滑动配合，摇臂可沿着外立柱_____移动。

4. Z37型摇臂钻床的主运动是主轴带动钻头的_____运动。

5. Z37型摇臂钻床主轴的正反转通过____________________实现，__________和进刀量通过变速机构调节。

6. Z37型摇臂钻床中，为防止十字开关手柄停在某一工作位置时，因接通电源而产生误动作，其控制线路设有__________________。

7. 根据Z37型摇臂钻床主轴电动机控制线路（图3–1–1），Z37型摇臂钻床主轴电动机M2由接触器_____控制，热继电器______作过载保护。

二、判断题

1. Z37型摇臂钻床的内立柱固定在底座上，外面套着空心的外立柱，外立柱可绕着不动的内立柱回转360°。（　　）

2. Z37型摇臂钻床中，主轴电动机拖动钻削及进给运动，要求正反向旋转。（　　）

3. Z37型摇臂钻床的各种工作状态都通过十字开关操作。（　　）

4. 根据Z37型摇臂钻床主轴电动机控制线路（图3–1–1），摇臂钻床的三相电源通过转换开关QS1和汇流环YG引入。（　　）

5. 根据Z37型摇臂钻床主轴电动机控制线路（图3–1–1），摇臂钻床控制电路的电源由控制变压器TC输出220 V电压提供。（　　）

6. 根据Z37型摇臂钻床主轴电动机控制线路（图3–1–1），Z37型摇臂钻床控制电路采用十字开关SA操作，具有集中控制和操作方便等优点。（　　）

7. 根据Z37型摇臂钻床主轴电动机控制线路（图3–1–1），零压保护是由中间继电器KA和十字开关SA实现的。（　　）

8. 根据Z37型摇臂钻床主轴电动机控制线路（图3–1–1），将十字开关SA扳回中间位置，接触器KM1线圈失电释放，主轴电动机M2停转。（　　）

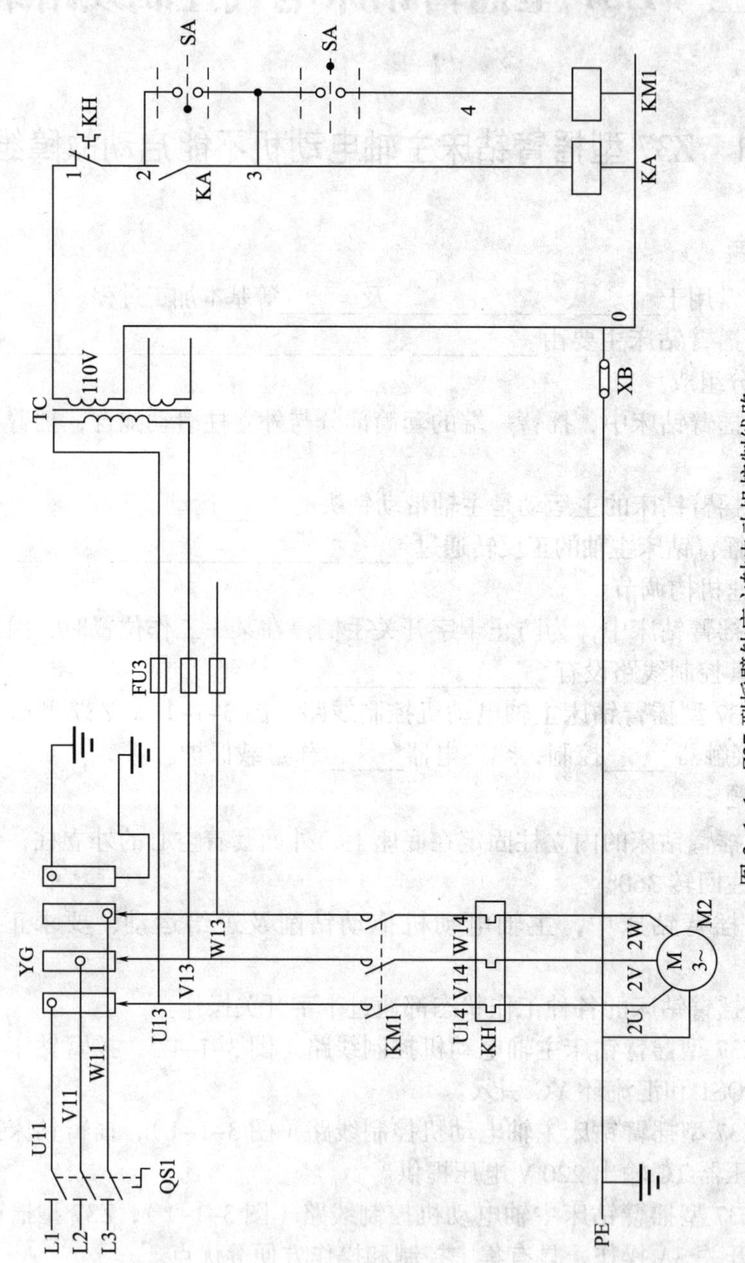

图 3-1-1　Z37 型摇臂钻床主轴电动机控制线路

三、选择题

1. 根据 Z37 型摇臂钻床主轴电动机控制线路（图 3–1–1），下列对 Z37 型摇臂钻床十字开关 SA 的操作，错误的是（　　）。

A．接通触点 SA（3–4），KM1 得电吸合，主轴旋转

B．接通触点 SA（2–3），KM 得电吸合并自锁

C．接通触点 SA（3–5），KM2 得电吸合，摇臂上升

D．接通触点 SA（3–8），KM3 得电吸合，摇臂下降

2. 根据 Z37 型摇臂钻床主轴电动机控制线路（图 3–1–1），下列（　　）不属于 Z37 型摇臂钻床主轴电动机 M2 不能启动的故障原因。

A．FU4 熔断

B．FU3 熔断

C．SA 接触不良或损坏

D．SA 的触点（2–3）和 KA 的常开触点未闭合

3. 根据 Z37 型摇臂钻床主轴电动机控制线路（图 3–1–1），下列（　　）不属于 Z37 型摇臂钻床主轴电动机 M2 不能停止的故障原因。

A．KM1 的主触点熔焊

B．FU3 熔断

C．KM1 的铁心接触面变形、有油污或剩磁粘住不能释放

D．SA 扳回中间位置后，由于触点粘连或弹簧失效未能断开

4. 维修 Z37 型摇臂钻床时，不会用到的电器元件是（　　）。

A．汇流排　　　　B．中间继电器

C．时间继电器　　D．控制变压器

四、简答题

1. 根据 Z37 型摇臂钻床主轴电动机控制线路（图 3–1–1），绘制主轴电动机不能启动故障的检修流程。

2．根据Z37型摇臂钻床主轴电动机控制线路（图3–1–1），人为设置自然故障点，分析故障现象，确定故障范围，排除故障，并记录检修过程中遇到的问题。

任务2　Z37型摇臂钻床立柱松紧电动机只能松开不能夹紧故障维修

一、填空题

1．Z37型摇臂钻床的外立柱和主轴箱的松开与夹紧是由__________配合______装置完成的。

2．根据Z37型摇臂钻床立柱松紧电动机控制线路（图3–2–1），立柱松紧电动机M4由接触器______和______控制，熔断器FU3作______保护。

二、判断题

1．Z37型摇臂钻床立柱的松开与夹紧是由立柱松紧电动机正反转拖动液压装置完成的。（　　）

2．Z37型摇臂钻床主轴箱在摇臂上的松开与夹紧和立柱的松开与夹紧是由两台电动机拖动液压机构分别完成的。（　　）

三、选择题

1．根据Z37型摇臂钻床立柱松紧电动机控制线路（图3–2–1），下列（　　）属于Z37型摇臂钻床的立柱松紧电动机只能松开不能夹紧的故障原因。

A．KH常闭触点接触不良或过载脱扣

B．M4故障

C．KM4线圈损坏、主触点接触不良

D．FU4故障

2．根据Z37型摇臂钻床立柱松紧电动机控制线路（图3–2–1），下列（　　）不属于Z37型摇臂钻床的立柱松紧电动机控制线路故障的原因。

A．FU4熔断

B．KM4、KM5主触点故障

C．S2和SQ3故障

D．KM4、KM5线圈损坏

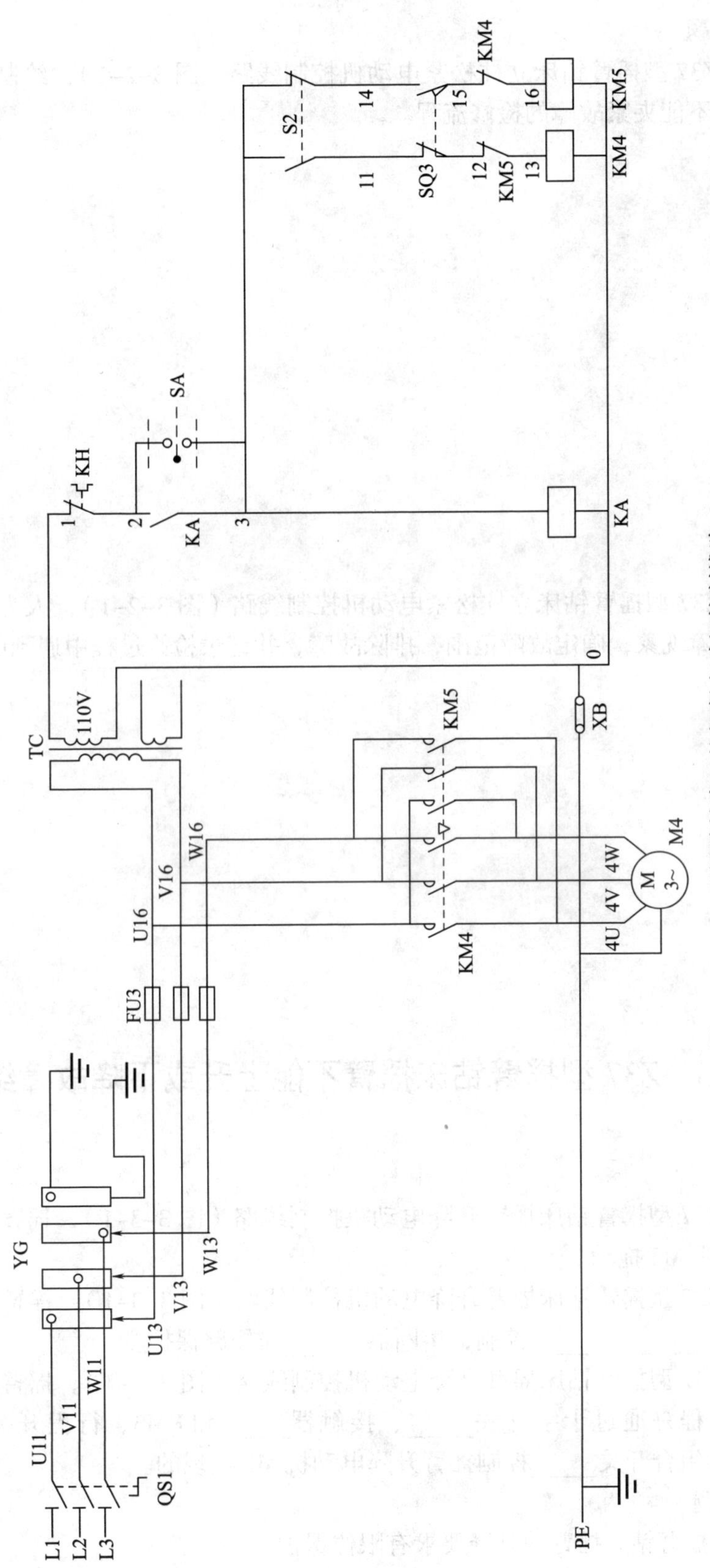

图 3-2-1 Z37 型摇臂钻床立柱松紧电动机控制线路

四、简答题

1．根据 Z37 型摇臂钻床立柱松紧电动机控制线路（图 3–2–1），绘制主柱松紧电动机只能松开不能夹紧故障的检修流程。

2．根据 Z37 型摇臂钻床立柱松紧电动机控制线路（图 3–2–1），人为设置自然故障点，分析故障现象，确定故障范围，排除故障，并记录检修过程中遇到的问题。

任务 3　Z37 型摇臂钻床摇臂不能上升或下降故障维修

一、填空题

1．根据 Z37 型摇臂钻床摇臂升降电动机控制线路（图 3–3–1），摇臂的______由摇臂升降电动机 M3 拖动。

2．根据 Z37 型摇臂钻床摇臂升降电动机控制线路（图 3–3–1），摇臂升降电动机 M3 由接触器_______、_______控制，熔断器______作短路保护。

3．根据 Z37 型摇臂钻床摇臂升降电动机控制线路（图 3–3–1），摇臂的松开、升降、夹紧的过程是通过十字开关_____、接触器_____和 KM3、行程开关_______和_______及鼓形组合开关_____控制摇臂升降电动机 M3 实现的。

二、判断题

1．Z37 型摇臂钻床摇臂的升降要求有限位保护。　（　）

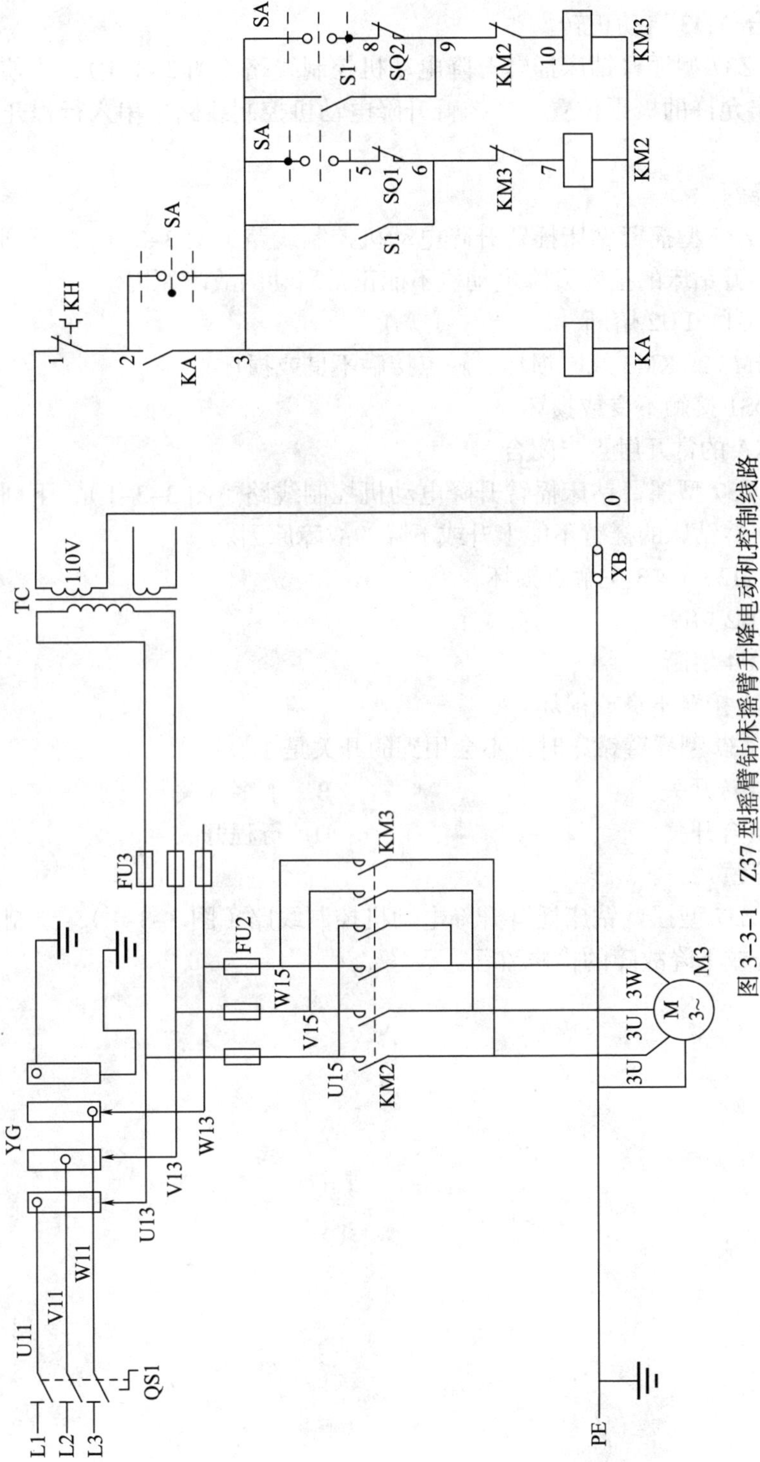

图 3-3-1 Z37 型摇臂钻床摇臂升降电动机控制线路

2．根据 Z37 型摇臂钻床摇臂升降电动机控制线路（图 3–3–1），要使摇臂上升，可将十字开关 SA 的手柄从中间位置扳到向上位置，SA 的触点（3–5）接通，接触器 KM2 得电吸合，M3 启动正转。（ ）

3．根据 Z37 型摇臂钻床摇臂升降电动机控制线路（图 3–3–1），为使摇臂上升或下降不致超出允许的极限位置，在摇臂升降电动机控制线路中串入行程开关 SQ3 作限位保护。（ ）

三、选择题

1．根据 Z37 型摇臂钻床摇臂升降电动机控制线路（图 3–3–1），下列（ ）不属于 Z37 型摇臂钻床的摇臂升降电动机不能正常启动的故障原因。

A．FU1、FU2 熔断

B．KM2 或 KM3 线圈损坏、触点接触不良或损坏

C．QS1 接触不良或损坏

D．KA 的常开触点未闭合

2．根据 Z37 型摇臂钻床摇臂升降电动机控制线路（图 3–3–1），下列（ ）不属于 Z37 型摇臂钻床的摇臂不能上升或下降的故障原因。

A．KM2、KM3 主触点损坏

B．FU2 熔断

C．FU4 熔断

D．SA 接触不良或损坏

3．维修 Z37 型摇臂钻床时，不会用到的开关是（ ）。

A．旋转开关　　B．十字开关

C．组合开关　　D．行程开关

四、简答题

1．根据 Z37 型摇臂钻床摇臂升降电动机控制线路（图 3–3–1），绘制摇臂升降电动机不能上升或下降故障的检修流程。

2. 根据 Z37 型摇臂钻床摇臂升降电动机控制线路（图 3–3–1），人为设置故障点，分析故障现象，确定故障范围，排除故障，并记录检修过程中遇到的问题。

任务 4　Z37 型摇臂钻床电气控制线路综合故障维修

一、填空题

1. 根据 Z37 型摇臂钻床电气控制线路（图 3–4–1），主轴电动机 M2 的_____、_____和摇臂升降电动机 M3 的_____、_____转均由十字开关 SA 进行操作。

2. Z37 型摇臂钻床钻削加工时，需要对刀具及工件进行冷却，由_______________输送切削液。

3. 根据 Z37 型摇臂钻床电气控制线路（图 3–4–1），Z37 型摇臂钻床共有 4 台三相交流异步电动机：_______________、_______________、_______________、_______________。

4. 根据 Z37 型摇臂钻床电气控制线路（图 3–4–1），摇臂升降控制是在____________得电吸合并自锁的前提下进行的，用来调整工件与钻头的相对高度。

5. 根据 Z37 型摇臂钻床电气控制线路（图 3–4–1），立柱的松开与夹紧是通过接触器_______和_______控制立柱松紧电动机 M4 的正、反转实现的。

6. 根据 Z37 型摇臂钻床电气控制线路（图 3–4–1），照明灯 EL 由开关______控制，熔断器 FU4 作_____保护。

二、判断题

1. Z37 型摇臂钻床的摇臂升降设有限位保护。（　　）

2. 根据 Z37 型摇臂钻床电气控制线路（图 3–4–1），主轴电动机 M2 的旋转是由接触器 KM1 和十字开关 SA 控制的。（　　）

3. 根据 Z37 型摇臂钻床电气控制线路（图 3–4–1），将十字开关 SA 扳回中间位置，接触器 KM1 线圈得电，主轴电动机 M2 运转。（　　）

4. Z37 型摇臂钻床主轴的正反转由摩擦离合器手柄控制。（　　）

5. 根据 Z37 型摇臂钻床电气控制线路（图 3–4–1），冷却泵电动机 M1 由开关 QS3 直接控制。（　　）

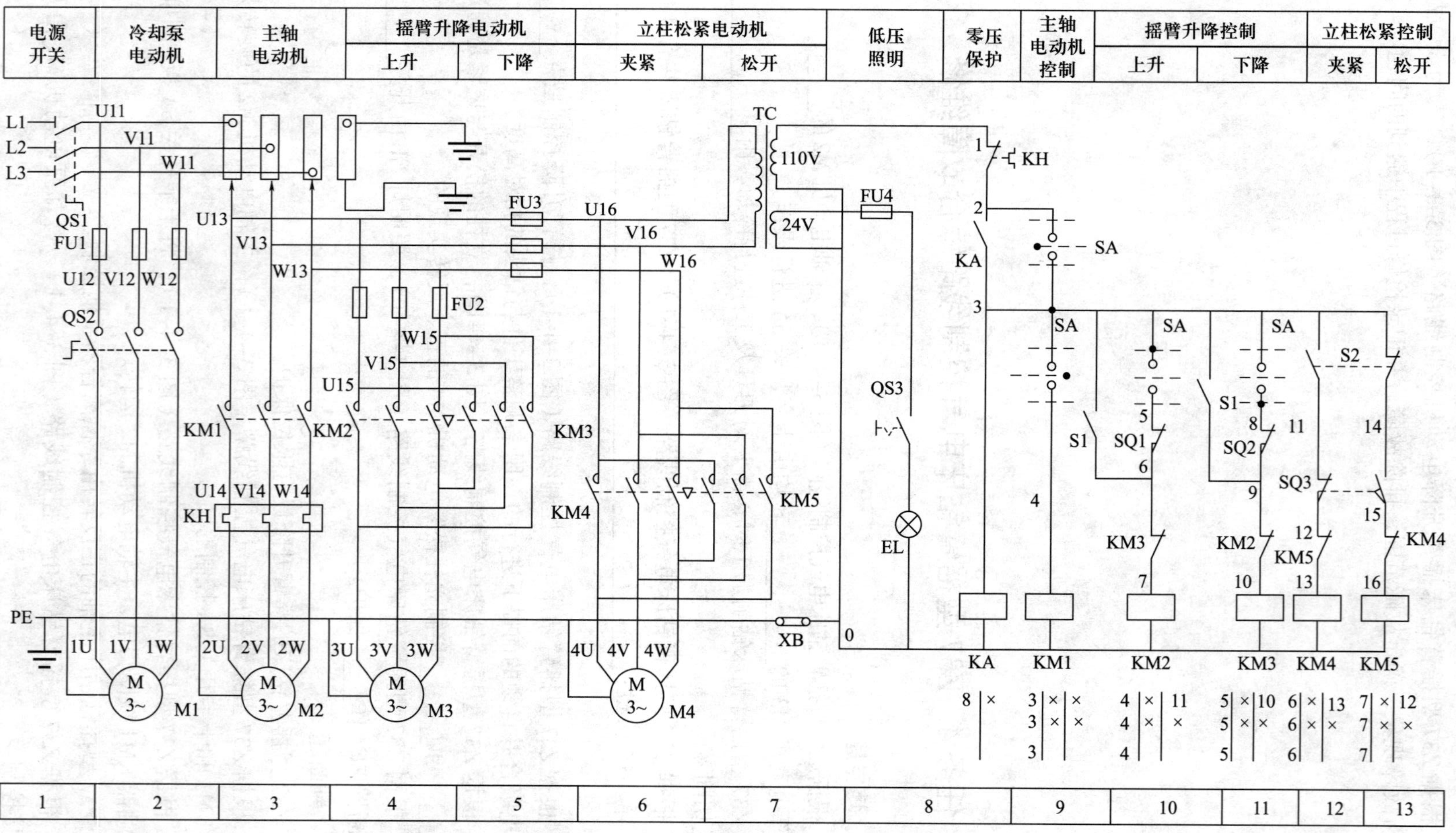

图 3-4-1　Z37 型摇臂钻床电气控制线路

6．根据 Z37 型摇臂钻床电气控制线路（图 3–4–1），中间继电器 KA 起零压保护作用。（ ）

三、选择题

1．根据 Z37 型摇臂钻床电气控制线路（图 3–4–1），下列（ ）不属于 Z37 型摇臂钻床立柱松紧电动机 M4 不能启动的故障原因。

A．KM4 或 KM5 的辅助常闭触点接触不良

B．KM4 或 KM5 的主触点接触不良

C．S1 和 SQ1 故障

D．S2 和 SQ3 故障

2．根据 Z37 型摇臂钻床电气控制线路（图 3–4–1），下列（ ）不属于立柱在夹紧或松开后不能切断立柱松紧电动机 M4 电源的故障原因。

A．S1 产生移动而导致其不能正确动作

B．KM4 或 KM5 的主触点熔焊

C．SQ3 的常开或常闭触点短路或熔焊

D．S2 产生移动而导致其不能正确动作

3．根据 Z37 型摇臂钻床电气控制线路（图 3–4–1），下列（ ）属于摇臂上升或下降后不能完全夹紧的故障原因。

A．FU4 熔断

B．SQ3 的常开或常闭触点短路或熔焊

C．S1 动触点和静触点弯曲、磨损、接触不良

D．S2 动触点和静触点弯曲、磨损、接触不良

4．根据 Z37 型摇臂钻床电气控制线路（图 3–4–1），下列（ ）属于摇臂升降后不能按要求停车的故障原因。

A．FU3 熔断

B．S1 常开触点（3–6）和（3–9）的闭合顺序颠倒

C．SQ3 故障

D．KM4 或 KM5 的主触点熔焊

5．Z37 型摇臂钻床控制线路中不会用到的电动机是（ ）。

A．冷却泵电动机

B．主轴电动机

C．立柱松紧电动机

D．刀架快速移动电动机

四、简答题

1．根据 Z37 型摇臂钻床电气控制线路（图 3–4–1），绘制 Z37 型摇臂钻床摇臂升降后不能按要求停车的检修流程。

2．根据 Z37 型摇臂钻床电气控制线路（图 3–4–1），绘制立柱松紧电动机不能启动故障的检修流程。

3．根据 Z37 型摇臂钻床电气控制线路（图 3–4–1），绘制立柱在夹紧或松开后不能切断立柱松紧电动机电源故障的检修流程。

4．根据 Z37 型摇臂钻床电气控制线路（图 3–4–1），人为设置自然故障点，分析故障现象，确定故障范围，排除故障，并记录检修过程中遇到的问题。

课题四　X62W 型卧式铣床电气控制线路维修

任务 1　X62W 型卧式铣床电气原理图测绘

一、填空题

1. X62W 型卧式铣床主要由______、______、______、__________、______、________、______、______、______等部分组成。

2. X62W 型卧式铣床的进给运动是指工件随工作台在______、______和______六个方向上的运动以及圆形工作台的______运动。

3. 绘制草图时先测绘________，再测绘________；先测绘________，后测绘______；先测绘______，再依次按______测绘各支路；先简单后复杂，最后要逐个支路进行校验。

4. 测绘过程中如果发现掉线或接错线时，首先做好________，然后继续______，待线路图绘制完成后再做处理。切记不要把掉线随意接在某个______上，以免发生更大的电气事故。

5. 对主电路的测绘，应起始于______，终止于______。

二、判断题

1. 铣床是一种通用的多用途机床，可以用圆柱铣刀、圆片铣刀、角度铣刀、成形铣刀及端面铣刀等刀具对各种零件进行平面、斜面、螺旋面及成形表面的加工。　　(　　)

2. 铣床的主运动是指主轴带动铣刀的直线运动。　　(　　)

3. 铣床的辅助运动包括工作台的快速运动及主轴和进给的变速冲动。　　(　　)

4. 电气原理图测绘前，要切断被测设备或装置的电源，尽量做到无电测绘。如果确需带电测绘，要做好防范措施。　　(　　)

5. 对控制电路的测绘，应起始于控制电源的中性线，终止于相线。　　(　　)

三、选择题

1. 绘制电气原理图的正确步骤是（　　）。

①打开线槽，解开扎线，找出导线的两端，并标注在图上。

②确定主电路及控制电路的电源及位置。

③如遇穿管情况，需要借助万用表进行测量。最终完成测绘。

④确定各个电器元件的位置，并对电器元件及接线端子进行标注。

A. ①②③④　　B. ④③①②

C．④②①③　　　　D．①③②④

2．下列铣床所用的电器元件中，型号与规格不正确的是（　　）。

A．主轴电动机，型号 J02–51–4，规格：7.5 kW、1 450 r/min

B．进给电动机，型号 J02–22–4，规格：1.5 kW、1 410 r/min

C．冷却泵电动机，型号 JCB–22，规格：1.25 kW、1 790 r/min

D．交流接触器，型号 CJ10–10，规格：线圈电压 127 V、10 A

四、简答题

1．简述电气原理图测绘的注意事项。

2．写出电气原理图测绘方法并简述其操作步骤。

3．写出 X62W 型卧式铣床的主要运动形式及控制要求。

任务 2 X62W 型卧式铣床主轴电动机不能启动故障维修

一、填空题

1. 根据 X62W 型卧式铣床主轴电动机控制线路（图 4-2-1），主轴电动机 M1 采用两地控制方式，________和________是两组启动按钮，________和________是两组停止按钮。

2. 根据 X62W 型卧式铣床主轴电动机控制线路（图 4-2-1），主轴电动机 M1 拖动主轴带动铣刀进行铣削加工，通过组合开关______实现正反转。

3. 根据 X62W 型卧式铣床主轴电动机控制线路（图 4-2-1），主轴变速时，利用______与变速冲动行程开关______，通过____点动，使齿轮系统产生一次抖动，以便齿轮顺利啮合。

二、判断题

1. 根据 X62W 型卧式铣床主轴电动机控制线路（图 4-2-1），KM1 是主轴电动机 M1 的控制接触器，YC1 是主轴制动用的电磁离合器，SQ1 是主轴变速冲动的行程开关。（　　）

2. 根据 X62W 型卧式铣床主轴电动机控制线路（图 4-2-1），主轴更换铣刀时，将换刀控制开关 SA1 扳向换刀位置，其常开触点 SA1-1 闭合，电磁离合器 YC1 线圈得电，主轴制动，以便换刀。（　　）

三、选择题

1. 根据 X62W 型卧式铣床主轴电动机控制线路（图 4-2-1），下列（　　）属于铣床主轴不能自锁的故障原因。

A. YC1 线圈与 SB5-2（或 SB6-2）接触不良或接线脱落

B. KM1 线圈与 SB1（或 SB2）接触不良或接线脱落

C. KM1 辅助常开触点与 SB1（或 SB2）并联接线脱落

D. SQ1-1 与 KM1 线圈接触不良或接线脱落

2. 根据 X62W 型卧式铣床主轴电动机控制线路（图 4-2-1），下列（　　）属于造成铣床主轴不能启动的故障原因。

A. YC1 线圈与 SB5-2（或 SB6-2）接触不良或接线脱落

B. KM1 线圈与 SB1（或 SB2）接触不良或接线脱落

C. KM1 辅助常开触点与 SB1（或 SB2）并联接线脱落

D. SQ1-1 与 KM1 线圈接触不良或接线脱落

四、简答题

1. 根据 X62W 型卧式铣床主轴电动机控制线路（图 4-2-1），简述 X62W 型卧式铣床主轴电动机 M1 不能启动运转，而接触器 KM1 吸合的检修思路。

2. 根据 X62W 型卧式铣床主轴电动机控制线路（图 4–2–1），分析 X62W 型卧式铣床主轴电动机 M1 不能制动的故障原因及检修思路。

3. 根据 X62W 型卧式铣床主轴电动机控制线路（图 4–2–1），分析 X62W 型卧式铣床主轴不能变速冲动的故障原因及检修思路。

4. 根据 X62W 型卧式铣床主轴电动机控制线路（图 4–2–1），人为设置自然故障点，分析故障现象，确定故障范围，排除故障，并记录检修过程中遇到的问题。

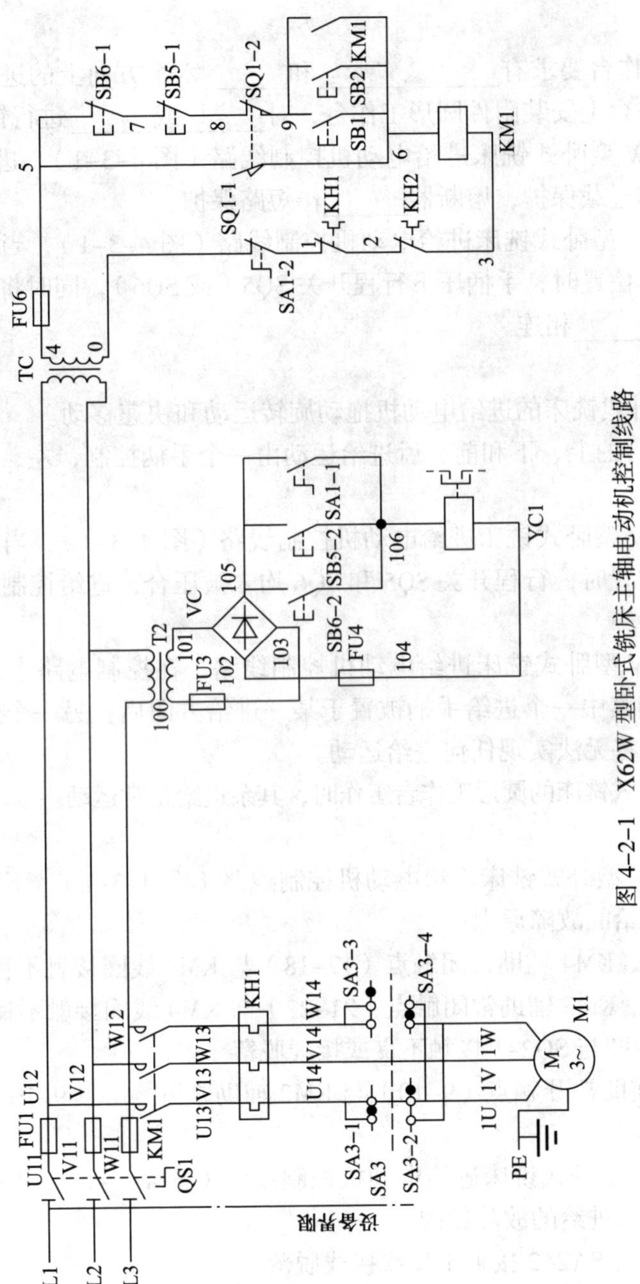

图 4-2-1 X62W 型卧式铣床主轴电动机控制线路

任务 3　X62W 型卧式铣床工作台的各个方向都不能进给故障维修

一、填空题

1．铣床的工作台要求有______、______和______六个方向上的进给运动和快速移动，并且可在工作台上安装附件圆形工作台，对______或______进行铣削加工。

2．根据 X62W 型卧式铣床进给电动机控制线路（图 4–3–1），进给电动机 M2 由热继电器______作过载保护，熔断器______作短路保护。

3．根据 X62W 型卧式铣床进给电动机控制线路（图 4–3–1），当左右进给手柄扳到向左（或向右）位置时，手柄压下行程开关 SQ5（或 SQ6），同时将电动机的______和__________________相连。

二、判断题

1．X62W 型卧式铣床的进给电动机拖动旋转运动和快速移动。（　　）

2．铣床工作台的上、下和前、后进给运动由一个手柄控制，左、右进给运动由另一个手柄控制。（　　）

3．根据 X62W 型卧式铣床进给电动机控制线路（图 4–3–1），当工作台的左右进给手柄扳到中间位置时，行程开关 SQ5 和 SQ6 均未被压合，进给控制电路处于断开状态。（　　）

4．根据 X62W 型卧式铣床进给电动机控制线路，在控制电路中对两个进给手柄实行联锁保护，当其中一个进给手柄被置于某一进给方向后，另一个进给手柄必须置于中间位置，否则将无法实现任何进给运动。（　　）

5．X62W 型卧式铣床的圆形工作台工作时，其余进给正常运动。（　　）

三、选择题

1．根据 X62W 型卧式铣床进给电动机控制线路（图 4–3–1），下列（　　）属于工作台不能向左进给的故障原因。

A．SQ5–1、KM4 辅助常闭触点（17–18）与 KM3 线圈接触不良或接线脱落

B．SQ6–1、KM3 辅助常闭触点（21–22）与 KM4 线圈接触不良或接线脱落

C．KM3 线圈与 SQ2–1 接触不良或接线脱落

D．KM1 辅助常开触点（9–10）与 KM2 辅助常开触点（9–10）接触不良或接线脱落

2．根据 X62W 型卧式铣床进给电动机控制线路（图 4–3–1），下列（　　）属于工作台不能向上、后进给的故障原因。

A．SQ5–2 与 SA2–2 接触不良或接线脱落

B．SQ3–1、KM4 辅助常闭触点（17–18）与 KM3 线圈接触不良或接线脱落

C．SQ3–1、SQ5–1 与 KM3 线圈接触不良或接线脱落

D．SQ4–1、KM3 的辅助常闭触点（21–22）与 KM4 线圈接触不良或接线脱落

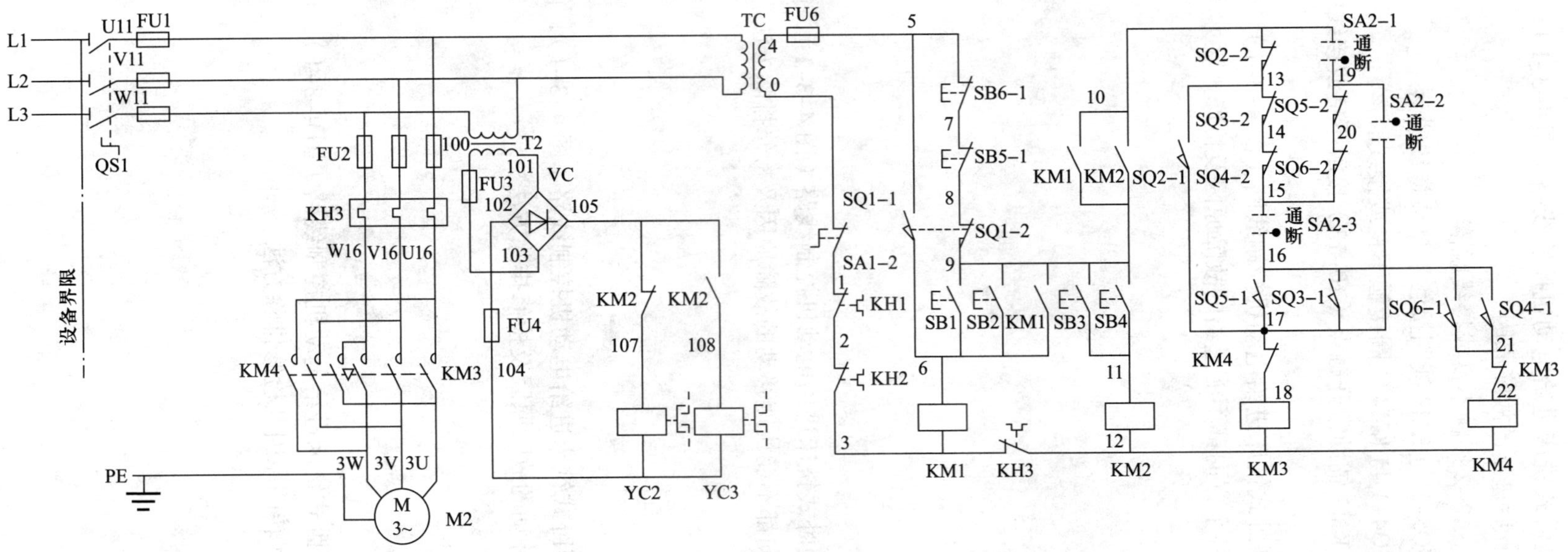

图 4-3-1 X62W 型卧式铣床进给电动机控制线路

3．根据 X62W 型卧式铣床进给电动机控制线路（图 4–3–1），下列（　　）属于工作台不能向上、右、后进给的故障原因。

A．SQ5–2 与 SA2–2 接触不良或接线脱落

B．SQ3–1、SQ5–1 与 KM3 线圈接触不良或接线脱落

C．SQ6–1、SQ4–1 与 KM4 线圈接触不良或接线脱落

D．SQ2–2 与 KM2 辅助常开触点（10–13）接触不良或接线脱落

四、简答题

1．根据 X62W 型卧式铣床进给电动机控制线路（图 4–3–1），简述 X62W 型卧式铣床通电后工作台向各个方向都不能进给的故障原因及检修排除方法。

2．根据 X62W 型卧式铣床进给电动机控制线路（图 4–3–1），简述 X62W 型卧式铣床工作台在各个方向都不能快速移动的故障原因及检修排除方法。

3．根据 X62W 型卧式铣床进给电动机控制线路（图 4–3–1），简述 X62W 型卧式铣床工作台不能变速冲动的故障原因及检修排除方法。

4．根据 X62W 型卧式铣床进给电动机控制线路（图 4–3–1），简述 X62W 型卧式铣床圆形工作台不能回转的原因及检修排除方法。

5. 根据 X62W 型卧式铣床进给电动机控制线路（图 4-3-1），绘制工作台各个方向都不能进给故障的检修流程。

6. 根据 X62W 型卧式铣床进给电动机控制线路（图 4-3-1），人为设置自然故障点，分析故障现象，确定故障范围，排除故障，并记录检修过程中遇到的问题。

任务 4　X62W 型卧式铣床电气控制线路综合故障维修

一、填空题

根据 X62W 型卧式铣床电气控制线路（图 4-4-1），完成下列填空。

1. 铣床要求有三台电动机拖动：__________、__________和____________。

2. 主轴电动机 M1 由________开关完成换向，以实现顺铣及逆铣，并具备________及________功能，变速时能瞬时冲动。

3. 主轴电动机 M1 拖动主轴带动铣刀进行______。

4. 进给电动机 M2 的正反转由接触器______、______实现。

5. 冷却泵电动机 M3 供应切削液，且当______启动后______才能启动。

6. 主轴电动机 M1 采用两地控制方式，______和______并联在一起为启动按钮，______和______串接在一起为停止按钮。

7. ________是主轴电动机 M1 的控制接触器，YC1 是主轴制动用的________，SQ1 是主轴变速冲动的______。

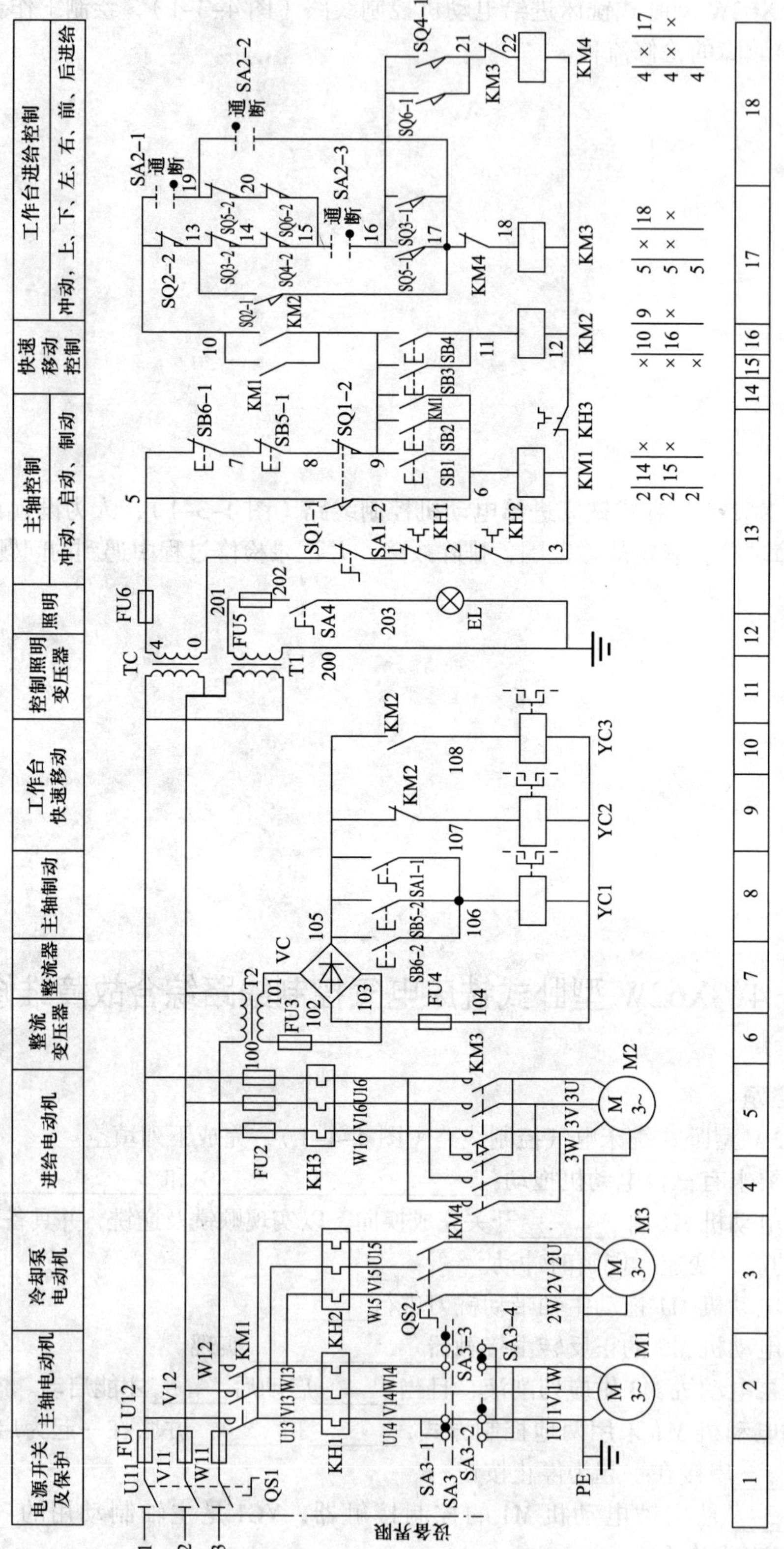

图 4-4-1　X62W 型卧式铣床电气控制线路

8. 换刀时将换刀控制开关______扳向换刀位置，常闭触点______开断，切断控制电路，铣床不能通电运转，保证人身安全。

二、判断题

1. 所谓变速冲动，是指为了保证变速后齿轮能良好啮合，主轴和进给变速后，都要求电动机做瞬时点动。 (   )

2. 根据 X62W 型卧式铣床电气控制线路（图 4–4–1），铣床冷却泵电动机 M3 只要求正转。 (   )

3. 根据 X62W 型卧式铣床电气控制线路（图 4–4–1），铣床电动机 M1 与 M3 为顺序控制，M1 启动后，M3 才能启动。 (   )

4. 根据 X62W 型卧式铣床电气控制线路（图 4–4–1），铣床的 3 台电动机共用熔断器 FU1 作短路保护，而 3 台电动机分别用热继电器 KH1、KH2、KH3 作过载保护。 (   )

5. 根据 X62W 型卧式铣床电气控制线路（图 4–4–1），铣床控制电路的电源由控制变压器 TC 输出 110 V 电压供电。 (   )

6. 根据 X62W 型卧式铣床电气控制线路（图 4–4–1），铣床更换铣刀时，将换刀控制开关 SA1 扳向换刀位置，其常开触点 SA1–1 闭合，电磁离合器 YC1 线圈得电，将主轴制动，以方便换刀。 (   )

三、选择题

根据 X62W 型卧式铣床电气控制线路（图 4–4–1），选择正确答案。

1. 下列对工作台左右进给手柄位置及其控制关系叙述错误的是（   ）。

A. 手柄置于左边，行程开关 SQ5 动作，进给电动机 M2 正转，工作台向左运动

B. 手柄置于右边，行程开关 SQ6 动作，进给电动机 M2 反转，工作台向右运动

C. 手柄置于左边，接触器 KM3 动作，进给电动机 M2 正转，工作台向左运动

D. 手柄置于右边，接触器 KM3 动作，进给电动机 M2 反转，工作台向右运动

2. 下列对工作台上下和前后进给手柄位置及其控制关系叙述错误的是（   ）。

A. 手柄置于上边，行程开关 SQ3 动作，进给电动机 M2 反转，工作台向上运动

B. 手柄置于下边，行程开关 SQ3 动作，进给电动机 M2 正转，工作台向下运动

C. 手柄置于前边，行程开关 SQ3 动作，进给电动机 M2 正转，工作台向前运动

D. 手柄置于后边，行程开关 SQ4 动作，进给电动机 M2 反转，工作台向后运动

3. 下列（   ）属于铣床照明灯不亮的故障原因。

A. 电源缺相　　　　B. TC 二次侧接线脱落

C. FU5 熔断　　　　D. FU6 熔断

4. 下列（   ）属于铣床整机不能工作的故障原因。

A. SA4 与 EL 接触不良或接线脱落

B. 电源缺相

C. FU5 熔断

D. FU6 熔断

5. 下列（　　）属于工作台在各个方向都不能进给的故障原因。

A. SQ1–1 与 KM1 线圈接触不良或接线脱落

B. KM1 辅助常开触点（9–10）与 KM2 辅助常开触点（9–10）接触不良或接线脱落

C. 电源缺相

D. KM1 辅助常开触点（6–9）与 SB1（或 SB2）并联接线脱落

6. 下列（　　）属于冷却泵电动机 M3 不能启动的故障原因。

A. 电源缺相

B. TC 二次侧接线脱落

C. SA4 与 EL 接触不良或接线脱落

D. FU6 熔断

7. 下列（　　）属于铣床主轴不能制动的故障原因。

A. KM1 线圈与 SB1（或 SB2）接触不良或接线脱落

B. YC1 线圈与 SB5–2（或 SB6–2）接触不良或接线脱落

C. KM1 辅助常开触点（6–9）与 SB1（或 SB2）并联接线脱落

D. SQ1–1 与 KM1 线圈接触不良或接线脱落

四、简答题

根据 X62W 型卧式铣床电气控制线路（图 4–4–1），回答下列问题。

1. 简述 X62W 型卧式铣床主轴电动机 M1 停车时不能制动故障的检修思路。

2. 简述 X62W 型卧式铣床工作台不能向左、右进给故障的检修思路。

3. 简述 X62W 型卧式铣床工作台在各个方向都不能快速移动故障的检修思路。

4．简述 X62W 型卧式铣床工作台不能向上进给故障的检修思路。

5．简述 X62W 型卧式铣床整机不能工作故障的检修思路。

6．简述 X62W 型卧式铣床照明灯 EL 不亮故障的检修思路。

7．人为设置故障点，分析故障现象，确定故障范围，排除故障，并记录检修过程中遇到的问题。

课题五　T68 型卧式镗床电气控制线路维修

任务 1　T68 型卧式镗床主轴电动机无正转高低速故障维修

一、填空题

1．镗床是一种精密加工机床，主要用于加工________和______要求较为精确的零件。按用途不同，镗床可以分为________、________、________和__________。

2．卧式镗床是一种多用途的金属切削机床，其镗刀主轴______，不但能完成______、______等孔加工，而且能__________、______、______及________等。

3．T68 型卧式镗床主要由______、______、______、______、______________、______、______、______等部分组成。

4．镗床工作台由______、______和__________三层组成。

5．T68 型卧式镗床主轴电动机控制线路（图 5–1–1）中，熔断器____作短路保护，热继电器____作过载保护，主轴电动机 M1 由接触器______和______控制正反转，接触器 KM3、KM4 和 KM5 实现三角形 – 双星形变速切换。

6．T68 型卧式镗床主轴电动机控制线路（图 5–1–1）中，控制电路的电源由控制变压器 TC 二次侧输出______V 交流电压提供。

二、判断题

1．镗床下溜板可沿床身顶面上的水平导轨做纵向移动。（　　）

2．镗床上溜板可沿下溜板顶部的导轨做纵向移动。（　　）

3．镗床的主运动是指主轴的进给运动和花盘的旋转运动。（　　）

4．为适应各种工件的加工工艺，镗床主轴采用交流双速电动机驱动的滑移齿轮有级变速系统，从而有较大的调速范围。（　　）

5．镗床滑移齿轮变速时，为防止顶齿现象，要求主轴系统变速时做低速断续冲动。（　　）

6．镗床主轴电动机高速启动先接通低速的原因是减小启动电流。（　　）

三、选择题

1．根据 T68 型卧式镗床主轴电动机控制线路（图 5–1–1），下列（　　）属于主轴电动机 M1 只能在低速挡运转，不能在高速挡运转的故障原因。

A．KT 损坏或 SQ1 安装位置移动

B．KT 动作后，延时部分不动作，使 KM3 一直处于吸合状态

C．KT 动作后，延时断开的动断触点接触不良或 KM3 辅助常闭触点接触不良

D．FU1、FU2 熔断

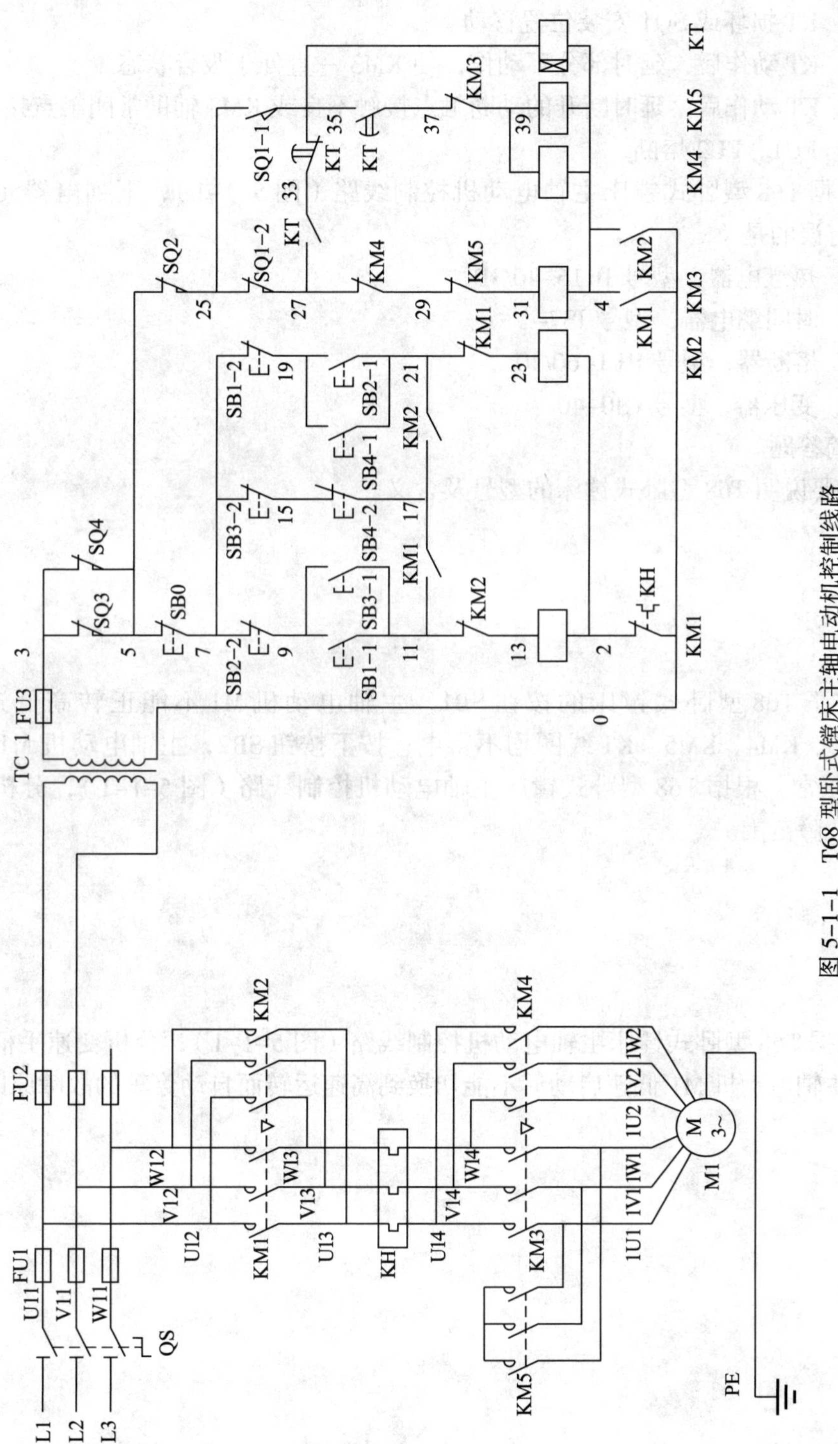

图 5-1-1 T68 型卧式镗床主轴电动机控制线路

2．根据 T68 型卧式镗床主轴电动机控制线路（图 5–1–1），下列（　　）属于变速手柄置于高速挡时，主轴电动机 M1 低速启动后仍一直低速动转的故障原因。

A．KT 损坏或 SQ1 安装位置移动

B．KT 动作后，延时部分不动作，使 KM3 一直处于吸合状态

C．KT 动作后，延时断开的动断触点接触不良或 KM3 辅助常闭触点接触不良

D．FU1、FU2 熔断

3．根据 T68 型卧式镗床主轴电动机控制线路（图 5–1–1），下列电器元件的名称、型号有误的是（　　）。

A．热继电器，型号 JR16–40/3D

B．时间继电器，型号 JS7–2

C．熔断器，型号 RL1–60/40

D．变压器，型号 CJ0–40

四、简答题

1．简要说明 T68 型卧式镗床的型号及含义。

2．按下 T68 型卧式镗床的按钮 SB1，主轴电动机 M1 不能正转高低速运转，KM1、KM3、KM4、KM5、KT 线圈均不得电；按下按钮 SB2，主轴电动机 M1 反转高低速运转正常。根据 T68 型卧式镗床主轴电动机控制线路（图 5–1–1），分析上述故障现象的故障范围。

3．根据 T68 型卧式镗床主轴电动机控制线路（图 5–1–1），分析变速手柄置于高速挡时，主轴电动机 M1 低速启动后不能切换到高速运转而自动停车的故障原因。

4．根据 T68 型卧式镗床主轴电动机控制线路（图 5–1–1），分析主轴电动机 M1 正反向都不能启动的故障原因。

5．根据 T68 型卧式镗床主轴电动机控制线路（图 5–1–1），人为设置自然故障点，分析故障现象，确定故障范围，排除故障，并记录检修过程中遇到的问题。

任务 2　T68 型卧式镗床快速移动电动机不能正转故障维修

一、填空题

1．T68 型卧式镗床快速移动包括镗头架在前立柱垂直导轨上________快速移动、__________快速移动、____________快速移动和后立柱的________快速移动。

2．根据 T68 型卧式镗床快速移动电动机控制线路（图 5–2–1），压合行程开关 SQ5，接触器______得电吸合，快速移动电动机 M2____；压合行程开关 SQ6，接触器______得电吸合，快速移动电动机 M2______。

二、判断题

1．镗床的主运动及各种常速进给运动由主轴电动机驱动，镗床各部件的快速移动由快速移动电动机驱动。（　　）

2．根据 T68 型卧式镗床快速移动电动机控制线路（图 5–2–1），T68 型卧式镗床行程开关 SQ3 受快速移动手柄操纵，SQ4 受主轴和平旋盘按钮操纵。（　　）

三、选择题

根据 T68 型卧式镗床快速移动电动机控制线路（图 5–2–1），选择正确答案。

1．下列（　　）不属于快速移动电动机 M2 不能反转的故障原因。

A．KM6 辅助常闭触点接触不良或损坏

B．KM7 线圈故障

C．SQ5–1、SQ6–2 故障

D．SQ6–1、SQ5–2 故障

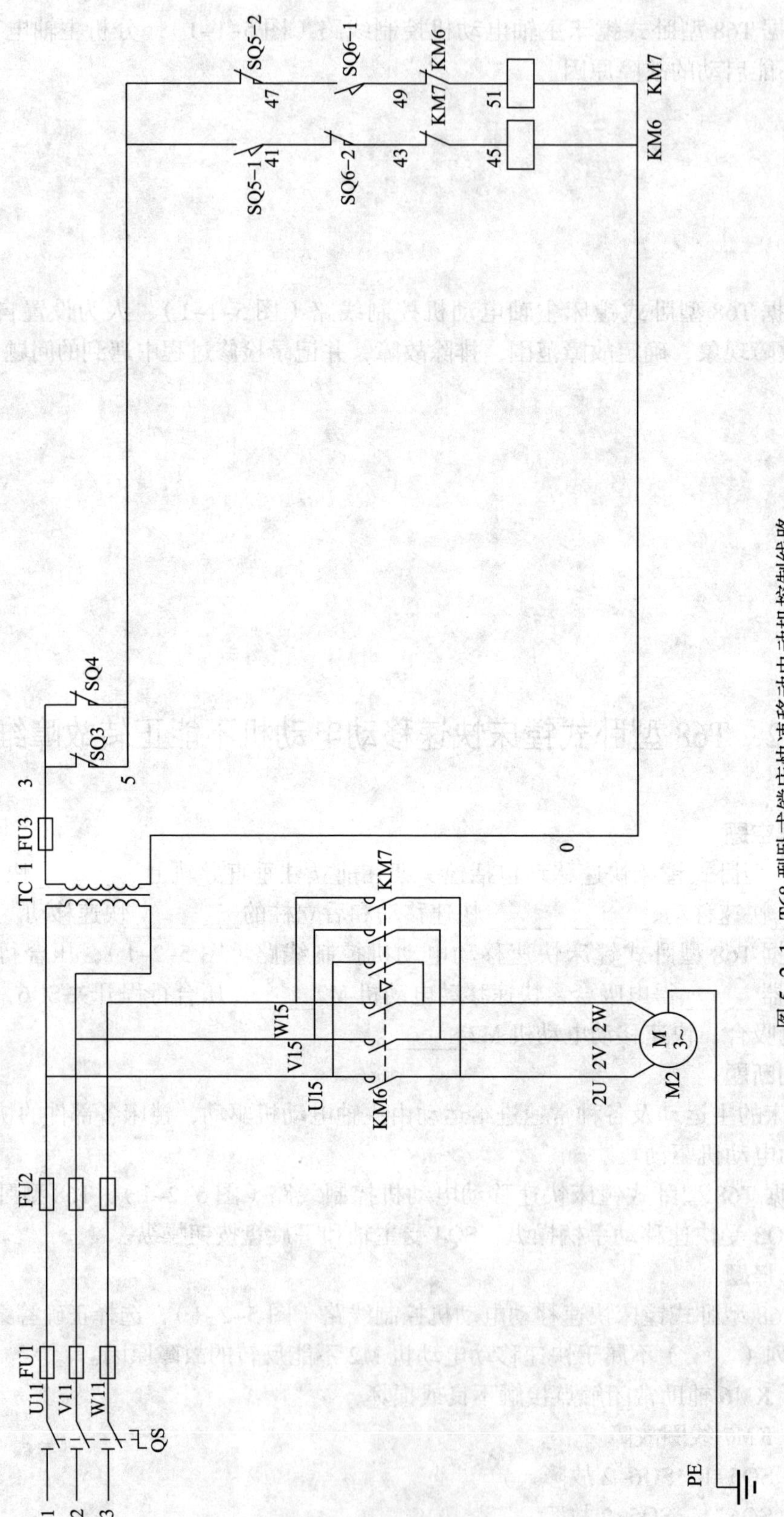

图 5-2-1　T68 型卧式镗床快速移动电动机控制线路

2. 下列（　　）不属于快速移动电动机 M2 不能正转的故障原因。

A. KM7 辅助常闭触点接触不良或损坏

B. KM6 线圈故障

C. SQ5–1、SQ6–2 故障

D. SQ6–1、SQ5–2 故障

3. 下列关于 T68 型卧式镗床电器元件名称、型号及规格，对应不正确的是（　　）。

A. 行程开关，型号 LX3–11 K，规格：开启式

B. 交流接触器，型号 CJ0–10，规格：线圈电压 220 V

C. 熔断器 FU2，型号 RL1–60/20，规格：60 A、熔体 20 A

D. 熔断器 FU3，型号 RL1–15/2，规格：15 A、熔体 2 A

四、简答题

根据 T68 型卧式镗床快速移动电动机控制线路（图 5–2–1），回答下列问题。

1. 绘制快速移动电动机不能正转故障的检修流程。

2. 人为设置自然故障点，分析故障现象，确定故障范围，排除故障，并记录检修过程中遇到的问题。

任务 3　T68 型卧式镗床电气控制线路综合故障维修

一、填空题

根据 T68 型卧式镗床电气控制线路（图 5–3–1），完成下列填空。

1. T68 型卧式镗床有两台电动机，M1 是__________________，M2 是__________________。

2. T68 型卧式镗床电气控制线路中，熔断器 FU1 作电路总的短路保护，FU2 作__________________和_________的短路保护。

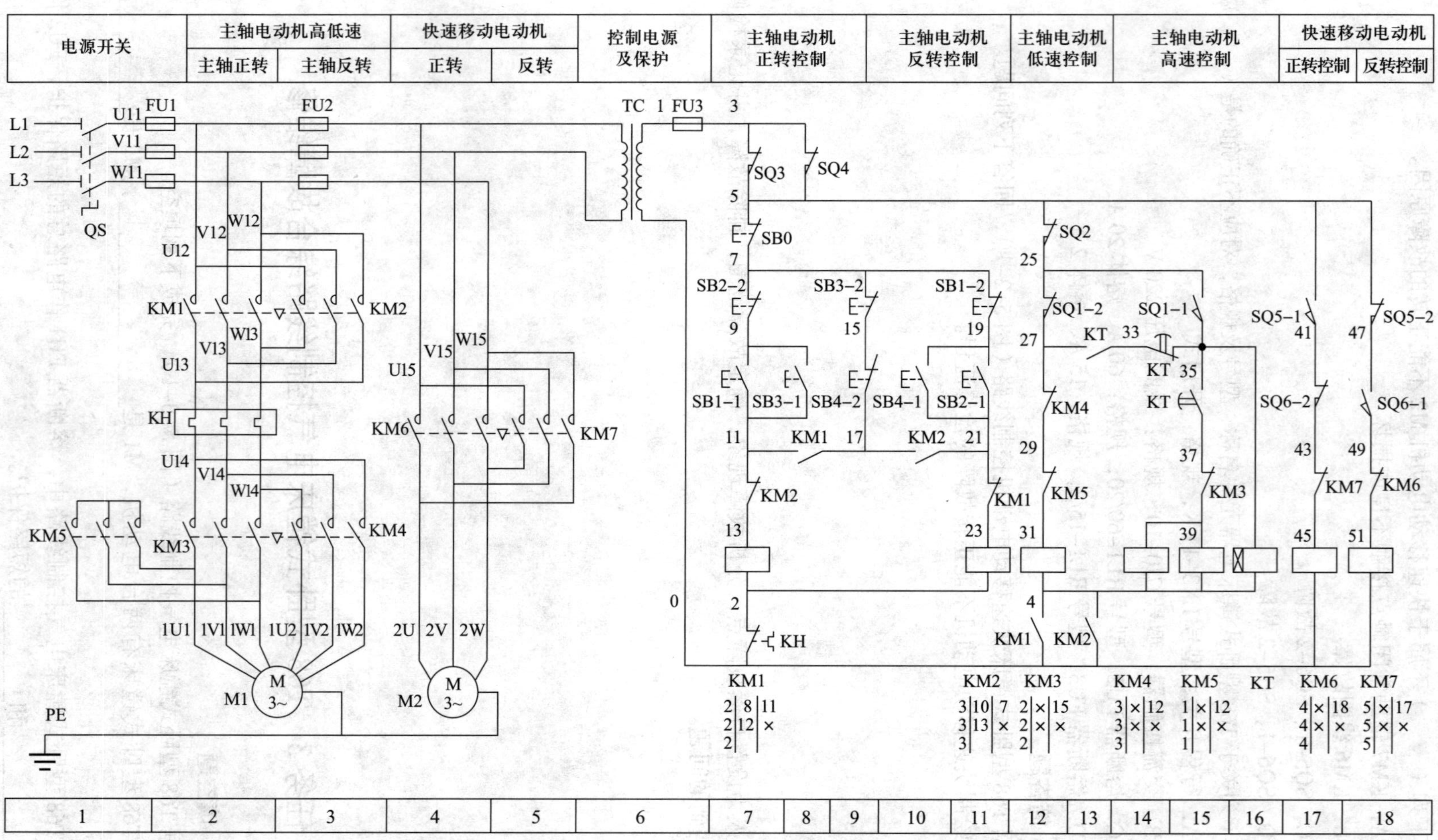

图 5-3-1 T68 型卧式镗床电气控制线路

3．T68 型卧式镗床主轴电动机 M1 由接触器______和______控制正反转，接触器 KM3、KM4 和 KM5 作____________变速切换；快速移动电动机 M2 由接触器______和______控制正反转。

二、判断题

1．镗床的进给运动包括主轴的轴向进给，花盘上刀具溜板的径向进给，工作台的横向和纵向进给，主轴箱沿前立柱导轨的升降运动。（ ）

2．镗床的辅助运动包括工作台的回转，后立柱的轴向水平移动，尾座的垂直移动及各部件的快速移动。（ ）

三、选择题

根据 T68 型卧式镗床电气控制线路（图 5-3-1），选择正确答案。

1．下列（ ）不属于 T68 型卧式镗床整机不能工作的故障原因。

A．变压器一次侧电压正常，二次侧无电压输出

B．变压器一次侧电压正常，FU1 熔断

C．镗床电源故障

D．变压器一次侧无电压

2．下列（ ）不属于快速移动电动机 M2 不能反转的故障原因。

A．KM7 吸合，4# 接线局部故障

B．KM7 吸合，KM7 主触点接触不良或损坏

C．KM7 不吸合，KM6 辅助常闭触点接触不良或损坏

D．KM7 不吸合，SQ5-2 或 SQ6-1 接触不良或损坏

3．下列（ ）不属于 T68 型卧式镗床主轴电动机 M1 不能反转的故障原因。

A．KM2 不吸合，0# 接线局部故障

B．KM2 不吸合，KM2 辅助常开触点接触不良或损坏

C．KM2 吸合，KM2 主触点接触不良或损坏

D．KM2 吸合，1# 接线局部故障

4．下列（ ）不属于 T68 型卧式镗床主轴电动机 M1 不能低速运转的故障原因。

A．27# 接线局部故障

B．KM4 辅助常闭触点接触不良或损坏

C．KM5 辅助常闭触点接触不良或损坏

D．0# 接线局部故障

四、简答题

根据 T68 型卧式镗床电气控制线路（图 5-3-1），回答下列问题。

1．绘制 T68 型卧式镗床快速移动电动机不能反转故障的检修流程。

2．绘制 T68 型卧式镗床主轴电动机不能低速运转故障的检修流程。

3．人为设置故障点，分析故障现象，确定故障范围，排除故障，并记录检修过程中遇到的问题。